企业安全风险评估技术与管控体系研究丛书
国家安全生产重特大事故防治关键技术科技项目
湖北省安全生产专项资金项目资助

危险化学品企业
重大风险辨识评估与分级管控

刘凌燕　蒋　武　周　琪
许永莉　夏水国　王　彪　著

化学工业出版社
·北京·

内容简介

本书为“企业安全风险评估技术与管控体系研究丛书”的一个分册。

本书在研究国内外风险辨识评估技术和风险管控体系现状、对危险化学品相关事故进行统计分析及对危险化学品相关企业调研的基础上，提出基于遏制重特大事故的“五高”（高风险物品、工艺、设备、场所、作业）风险管控理论。本书重点阐述了“五高”风险辨识与评估技术，包括危险化学品企业风险辨识与评估、“五高”风险辨识与评估程序、“5＋1＋N”指标体系、单元“5＋1＋N”指标计量模型、风险聚合方法等。本书还介绍了风险分级管控模式及政府监管和企业风险管控的工作方法。本书以某危险化学品企业为例，对“5＋1＋N”风险评估模型进行了应用分析，得出了该危险化学品企业各单元的风险等级，进而得出企业整体风险等级。

本书适合危险化学品相关企业的主要负责人和安全管理人员、政府安全监管人员阅读，也适合为高校和研究院所相关专业的教师、研究人员和学生提供参考。

图书在版编目（CIP）数据

危险化学品企业重大风险辨识评估与分级管控/刘凌燕等著．—北京：化学工业出版社，2022.9

（企业安全风险评估技术与管控体系研究丛书）

ISBN 978-7-122-41828-9

Ⅰ.①危…　Ⅱ.①刘…　Ⅲ.①化工产品-危险品-安全隐患-安全检查　Ⅳ.①TQ086.5

中国版本图书馆 CIP 数据核字（2022）第 122287 号

责任编辑：高　震　杜进祥　　　　装帧设计：韩　飞

责任校对：宋　玮

出版发行：化学工业出版社（北京市东城区青年湖南街 13 号　邮政编码 100011）

印　　装：北京科印技术咨询服务有限公司数码印刷分部

710mm×1000mm　1/16　印张 12¼　字数 194 千字　2022 年 12 月北京第 1 版第 1 次印刷

购书咨询：010-64518888　　　　售后服务：010-64518899

网　　址：http://www.cip.com.cn

凡购买本书，如有缺损质量问题，本社销售中心负责调换。

定　　价：88.00 元　　

“企业安全风险评估技术与管控体系研究丛书”编委会

丛书序言

安全生产是保护劳动者的生命健康和企业财产免受损失的基本保证。经济社会发展的每一个项目、每一个环节都要以安全为前提，不能有丝毫疏漏。当前我国经济已由高速增长阶段转向高质量发展阶段，城镇化持续推进过程中，生产经营规模不断扩大，新业态、新风险交织叠加，突出表现为风险隐患增多而本质安全水平不高、监管体制和法制体系建设有待完善、落实企业主体责任有待加强等。安全风险认不清、想不到和管不住的行业、领域、环节、部位普遍存在，重点行业领域安全风险长期居高不下，生产安全事故易发多发，尤其是重特大安全事故仍时有发生，安全生产总体仍处于爬坡过坎的艰难阶段。特别是昆山中荣“8·2”爆炸、天津港“8·12”爆炸、江苏响水“3·21”爆炸、湖北十堰“6·13”燃气爆炸等重特大事故给人民生命和国家财产造成严重损失，且影响深远。

2016 年，国务院安委会发布了《关于实施遏制重特大事故工作指南构建双重预防机制的意见》（安委办〔2016〕11 号），提出“着力构建企业双重预防机制”。该文件要求企业要对辨识出的安全风险进行分类梳理，对不同类别的安全风险，采用相应的风险评估方法确定安全风险等级，安全风险评估过程要突出遏制重特大事故。2022 年，国务院安委会发布了《关于进一步强化安全生产责任落实坚决防范遏制重特大事故的若干措施》（安委〔2022〕6 号），制定了十五条硬措施，发动各方力量全力抓好安全生产工作。

提高企业安全风险辨识能力，及时发现和管控风险点，使企业安全工作认得清、想得到、管得住，是遏制重特大事故的关键所在。“企业安全风险评估技术与管控体系研究丛书”通过对国内外风险辨识评估技术与管控体系的研究及对各行业典型事故案例分析，基于安全控制论以及风险管理理论，以遏制重特大事故为主要目标，首次提出基于“五高”风险（高风险设备、高风险工艺、高风险物品、高风险作业、高风险场所）“5＋1＋N”的辨识评估分级方法与管控技术，并与网络信息化平台结合，实现了风险管控的信息化，构建了风险监控预警与管理模式，属原创性风险管控理论和方法。推广应用该理论和方法，有利于企业风险实施动态管控、持续改进，也有利于政府部门对企业的风险实施分级、分类集约化监管，同时也为遏制重特大事故提供决策支持。

“企业安全风险评估技术与管控体系研究丛书”包含六个分册，分别为《企业安全风险辨识评估技术与管控体系》《危险化学品企业重大风险辨识评估与分级管控》《工贸行业重大风险辨识评估与分级管控 》《烟花爆竹企业重大风险辨识评估与分级管控 》《非煤矿山企业重大风险辨识评估与分级管控 》《金属冶炼企业重大风险辨识评估与分级管控》。丛书是众多专家多年潜心研究成果的结晶，介绍的企业安全风险管控的新思路和新方法，既有很高的学术价值，又对工程实践有很好的指导意义。希望丛书的出版，有助于读者了解并掌握“五高”辨识评估方法与管控技术，从源头上系统辨识风险、管控风险，消除事故隐患，帮助企业全面提升本质安全水平，坚决遏制重特大生产安全事故，促进企业高质量发展。

丛书基于2017年国家安全生产重特大事故防治关键技术科技项目“企业‘五高’风险辨识与管控体系研究”（hubei-0002-2017AQ）和湖北省安全生产专项资金科技项目“基于遏制重特大事故的企业重大风险辨识评估技术与管控体系研究”的成果，编写过程中得到了湖北省应急管理厅、中钢集团武汉安全环保研究院有限公司、中国地质大学（武汉）、武汉科技大学、中南财经政法大学等单位的大力支持与协助，对他们的支持和帮助表示衷心的感谢！

“企业安全风险评估技术与管控体系研究丛书”丛书编委会
2022年12月

前 言

危险化学品的安全管理是政府监管的重点、企业工作的难点、公众关注的焦点。危险化学品重特大事故具有后果严重、影响巨大的特点，近年来发生的江苏响水“3·21”特别重大爆炸事故、天津港“8·12”特别重大火灾爆炸事故等重特大事故给人民生命财产和国民经济造成严重损失，影响深远。危险化学品重大风险管控是预防危险化学品重特大事故发生的关键。为了遏制重特大事故，2016 年国家提出推行风险分级管控、隐患排查治理双重预防性工作机制，《国务院安全生产委员会关于印发 2017 年安全生产工作要点的通知》（安委〔2017〕1 号）要求贯彻落实《标本兼治遏制重特大事故工作指南》，制定完善安全风险分级管控和隐患排查治理标准规范，指导、推动地方和企业加强安全风险评估、管控，健全隐患排查治理制度，不断完善预防工作机制。本书旨在介绍一种危险化学品风险辨识与评估技术，既利于政府部门对危险化学品企业的风险实施分级、分类集约化监管，又利于危险化学品企业对风险实施动态分级管控。

危险化学品企业存在物料危险性大、工艺过程复杂、高温高压设备多、危险源较为集中及连续作业等特点，容易发生火灾、爆炸及中毒、窒息等事故。一旦防控不当，可能造成严重的人员伤亡、财产损失及设备损坏。为从根本上预防危险化学品重特大事故，以达到风险预控、关口前移，推进事故预防工作科学化、信息化、标准化，实现把风险控制在隐患形成之前、把隐患消灭在事故前面的目的，结合实际制定科学的安全风险辨识程序和方法，系统性识别某个单元所面临的重大风险，分析事故发生的潜在原因，运用安全科学原理构建重大风险评估模型，建立基于现代信息技术的数据信息管控模式，全面实施和推进重大风险管理，对预防和减少重特大事故的发生具有重要意义。

本书编写过程中对国内外风险辨识评估技术和风险管控体系进行了研究，收集了大量危险化学品重特大事故的案例并进行案例分析，对多家危险化学品企业进行了调研，为“五高”风险辨识与评估技术和风险分级管控的提出奠定了坚实的基础。

本书共分六章，分别为绪论、风险辨识评估技术与管控体系研究现状、基于遏制重特大事故的“五高”风险管控理论、“五高”风险辨识与评估技术、风险评估模型应用分析和风险分级管控。

本书为“企业安全风险评估技术与管控体系研究”丛书的一个分册。全书共分六章，中钢集团武汉安全环保研究院有限公司的刘凌燕、王彪、周琪同志编写了第一章，中钢集团武汉安全环保研究院有限公司的刘凌燕、夏水国、蒋武同志编写了第二章，中钢集团武汉安全环保研究院有限公司的刘凌燕、蒋武、周琪、许永莉、夏水国、王彪同志编写了第三章，中钢集团武汉安全环保研究院有限公司的刘凌燕、蒋武、周琪、许永莉、夏水国、王彪同志编写了第四章，中钢集团武汉安全环保研究院有限公司的蒋武、刘凌燕同志编写了第五章，中钢集团武汉安全环保研究院有限公司的刘凌燕、夏水国、王彪、许永莉同志编写了第六章。刘凌燕同志负责统稿。

本书中提出的重大风险辨识与评估的指标体系、评估模型及分级方法属于一项新的研究成果，可能存在很多不足之处，敬请读者批评指正。

著者

2022 年 1 月

目录

第一章 绪论

第一节 重大风险辨识评估与分级管控的意义

当前我国正处在工业化、城镇化持续推进过程中，生产经营规模不断扩大，传统和新型生产经营方式并存，各类事故隐患和安全风险交织叠加，安全生产基础薄弱、监管体制机制和法律制度不完善、企业主体责任落实不力等问题依然突出，生产安全事故易发多发，尤其是重特大安全事故频发势头尚未得到有效遏制。

重特大事故具有后果严重、预防困难的特点，近年来发生的江苏昆山“8·2”特别重大爆炸事故、天津港“8·12”特别重大火灾爆炸事故、湖北十堰“6·13”重大燃气爆炸事故等多起重特大事故给人民生命财产和国民经济造成严重损失，影响深远。为了遏制重特大事故，国家采取了一系列重大举措，包括持续不断开展矿山、道路和水上交通运输、危险化学品、烟花爆竹、民用爆破器材、人员密集场所、涉氨制冷、粉尘涉爆场所等行业领域的专项整治，建立安全生产隐患排查治理体系等，对有效预防重特大事故发挥了重要作用。但这些举措的出台往往是以事故为代价的。“8·31”上海翁牌冷藏实业有限公司重大氨泄漏事故后，国务院安委会出台《关于深入开展涉氨制冷企业液氨使用专项治理的通知》（安委［2013］6号）；江苏昆山“8·2”特别重大火灾爆炸事故发生后，原国家安全监管总局制定了《严防企业粉尘爆炸五条规定》，这种管理模式很难保证今后不再发生“涉氨”“涉尘”等重特大事故[1]。

为了遏制重特大事故，2016年国家提出推行风险分级管控、隐患排查治理双重预防性工作机制。《国务院安全生产委员会关于印发2016年安全生产工作要点的通知》（安委［2016］1号）[2] 要求深入分析容易发生重特大事故的行业领域及关键环节，在矿山、危险化学品、道路和水上交通、建筑施工、铁路及高铁、城市轨道、民航、港口、油气输送管道、劳动密集型企业和人员密集场所等高风险行业领域，推行安全风险分级管控、隐患排查治理双重预防性工作机制，充分发挥安防工程、防控技术和管理制度的综合作用，构建两道防线。《国务院安委会办公室关于印发标本兼治遏制重特大事故工作指南的通知》（安委办〔2016〕3号）和《国务院安委会办公室关于实施遏制重特大事故工作指南构建双重预防机制的意见》（安委办〔2016〕11号）[3]，指出遏制重特大事故一定要坚持关口前移、风险预控、闭环管理、持续改进，推动各地区、各有关部门和企业准确把握安全生产的特点和规律，探索推行系统化、规范化的安全生产风险管理模式，努力构建理念先进、方法科学、控制有效的安全风险分级管控机制，逐步把双重预防性工作引入科学化、信息化、标准化的轨道，牢牢把握安全生产的主动权，实现把风险控制在隐患形成之前、把重特大事故消灭在萌芽状态。工作目标是尽快建立健全安全风险分级管控和隐患排查治理的工作制度和规范。《国务院安全生产委员会关于印发2017年安全生产工作要点的通知》（安委［2017］1号）[4] 要求贯彻落实《标本兼治遏制重特大事故工作指南》，制定并完善安全风险分级管控和隐患排查治理标准规范，指导、推动地方和企业加强安全风险评估、管控，健全隐患排查治理制度，不断完善预防工作机制。

为了贯彻落实国家的相关规定，多地要求企业开展重大风险辨识，建立重大风险清单并制定控制措施，预防重特大事故的发生。在实施过程中，由于没有统一的重大风险辨识方法，导致部分企业的重大风险辨识不全，同类型企业的重大风险清单有较大差别。同时，由于没有重大风险评估分级方法，未能对重大风险实施分级管控，这些都影响了该项工作的实施效果[7]。

重大风险管控是预防重特大事故发生的关键。结合实际制定科学的安全风险辨识程序和方法，系统性识别某个单元所面临的重大风险，分析安全事故发生的潜在原因，运用安全科学原理构建重大风险评估模型，建立基于现代信息技术的数据信息管控模式，全面实施和推进重大风险管理，对预防和减少重大事故的发生具有重大意义。

第二节　基本概念

由于本书介绍的“五高”风险辨识与评估技术是一项新的研究成果，为便于读者对本书内容的深入理解，在此对书中涉及的基本概念释义如下。

（1）风险点　指单元内可能诱发重特大事故的场所或区域。

（2）风险单元　指根据风险评估目标和评价方法的需要，将系统分成有限、确定范围进行评价的单元。一般以相对独立的工艺系统作为风险辨识评估单元。

（3）高风险物品　指可能导致发生重特大事故的易燃易爆物品、危险化学品等物品。

（4）高风险工艺　指工艺过程失控可能导致发生重特大事故的工艺，如危险化学品企业的重点监管的危险化工工艺。

（5）高风险设备　指运行过程失控可能导致发生重特大事故的设备设施。

（6）高风险场所　指一旦发生事故可能导致发生重特大事故后果的场所，如重大危险源、劳动密集型场所。

（7）高风险作业　指失误可能导致发生重特大事故的作业。如危险化学品企业特殊作业、特种作业、特种设备作业等。

注意：① 根据 GB 30871—2022《危险化学品企业特殊作业安全规范》，危险化学品企业特殊作业包括动火作业、受限空间作业、盲板抽堵作业、高处作业、吊装作业、临时用电作业、动土作业、断路作业。

② 根据《市场监管总局关于特种设备行政许可有关事项的公告》（国家市场监督管理总局公告 2021 年第 41 号），特种设备作业包括：特种设备安全管理、锅炉作业、压力容器作业、气瓶作业、电梯作业、起重机作业、客运索道作业、大型游乐设施作业、场（厂）内专用机动车辆作业、安全附件维修作业、特种设备焊接作业。

③ 根据《特种作业人员安全技术培训考核管理规定》（2010 年 5 月 24 日国家安全监管总局令第 30 号公布，2013 年 8 月 29 日国家安全监管总局令第

63号第一次修正，2015年5月29日国家安全监管总局令第80号第二次修正)[6]，特种作业包括：电工作业、焊接与热切割作业、高处作业、制冷与空调作业、煤矿安全作业、金属非金属矿山安全作业、石油天然气安全作业、冶金（有色）生产安全作业、危险化学品安全作业、烟花爆竹安全作业、安全监管总局认定的其他作业。

（8）“五高”风险辨识　指以风险点为对象，辨识“五高”[1]，即高风险设备、高风险物品、高风险场所、高风险工艺和高风险作业。

（9）风险点固有危险指数　指风险点内，依据“五高”风险辨识计算出的风险值。

（10）单元固有风险指数　指若干风险点固有危险指数的场所人员暴露指数加权累计值。

（11）单元初始风险　指单元高危风险管控频率与单元固有风险指数的耦合。

（12）单元现实风险　指在关键风险监测数据、事故隐患动态数据、物联网大数据、特殊时段数据、自然环境数据影响下，系统发生事故的风险及其对应的风险预警等级的定量衡量。

（13）风险聚合　指由单元风险聚合到企业风险、由企业风险聚合到区域风险。

（14）“5＋1＋N”指标体系　“5”指的是风险点风险严重度（固有风险）指标，“1”指的是单元风险频率指标，“N”指的是单元风险动态修正指标。

（15）违规证据　利用在线监测监控系统所固定的不符合法规、标准的状态或行为，可以是照片、视频、数据等，构成执法证据。

参考文献

[1] 徐克，陈先锋．基于重特大事故预防的“五高”风险管控体系[J]. 武汉理工大学学报（信息与管理工程版），2017，39（6）：649-653.

[2] 国务院安全生产委员会关于印发2016年安全生产工作要点的通知[Z]. 2016-01-14.

[3] 国务院安委会办公室关于实施遏制重特大事故工作指南构建双重预防机制的意见[Z]. 2016-10-09.

[4] 国务院安全生产委员会关于印发 2017 年安全生产工作要点的通知[Z]. 2017-02-20.

[5] 市场监管总局关于特种设备行政许可有关事项的公告[Z]. 2021-11-30.

[6] 特种作业人员安全技术培训考核管理规定[Z]. 2015-05-29

[7] 罗聪，徐克，刘潜，等．安全风险分级管控相关概念辨析[J]. 中国安全科学学报，2019，29（10）：43-50.

第二章 风险辨识评估技术与管控体系研究现状

第一节　国内外风险辨识评估技术研究现状

一、国外风险辨识评估技术研究现状

20 世纪 40 年代，由于制造业向规模化、集约化方向发展，系统安全理论应运而生，逐渐形成了安全系统工程的理论和方法。首先是在军事工业，1962 年 4 月，美国公布了第一个有关系统安全的说明书《空军弹道导弹系统安全工程》，对与民兵式导弹计划有关的承包商从系统安全的角度提出要求，这是系统安全理论首次在实际中应用。

1964 年，美国陶氏（DOW）化学公司根据化工生产的特点，开发出“火灾、爆炸危险指数评价法”，用于对化工生产装置进行安全评价。1974 年，英国帝国化学公司（ICI）蒙德（Mond）部在陶氏化学公司评价方法的基础上，引进了毒性概念，并发展了某些补偿系数，提出了“蒙德火灾、爆炸、毒性指标评价法”[1]。1974 年，美国原子能委员会在没有核电站事故先例的情况下，应用安全系统工程分析方法，提出了著名的《核电站风险报告》(WASH-1400)，并被后来核电站发生的事故所证实。1976 年，日本劳动省颁布了“化工厂六阶段安全评价法”，采用了一整套安全系统工程的综合分析和评价方法，使化工厂的安全性在规划、设计阶段就能得到充分的保障。随着安全风险评价技术的发展，风险评价已在现代安全管理中占有重要的地位。

由于风险评价在减少事故，特别是减少重大事故方面取得的巨大效益，许多国家政府和生产经营单位投入巨额资金进行风险评价。美国原子能委员会 1974 年发表的《核电站风险报告》，用了 70 人·年的工作量，耗资 300 万美元，相当于建造一座 1000MW 核电站投资的 1%。据统计，美国各公司共雇佣了 3000 名左右的风险专业评价和管理人员，美国、加拿大等国有 50 余家专门从事安全评价的“风险评价咨询公司”[2]。当前，大多数工业发达国家已将风险评价作为工厂设计和选址、系统设计、工艺过程、事故预防措施及制定应急计划的重要依据。近年来，为了适应风险评价的需要，世界各国开发了包括危险辨识、事故后果模型、事故频率分析、综合危险定量分析等内容的商用化风险评价计算机软件包。随着信息处理技术和事故预防技术的进步，新型实用的风险评价软件不断地推向市场。计算机风险评价软件的开发研究，为风险评价的应用研究开辟了更加广阔的空间。

目前，常用的风险辨识方法主要有预先危险性分析（PHA）、事故树分析（FTA）、事件树分析（ETA）、危险与可操作性分析（HAZOP）等。常用的半定量风险评估方法有作业条件危险性评价法（LEC）、风险矩阵评价法、故障类型与影响分析评价法（FMEA）、改进的作业条件危险性评价法（MES）。其中，风险矩阵评价法是一种适合大多数风险评价的方法，在具体评估中应用较多。

二、国内风险辨识评估技术研究现状

20世纪80年代初期，系统安全被引入我国。通过消化、吸收国外安全检查表等安全风险分析的方法，机械、冶金、航天、航空等行业的有关企业开始应用风险分析评价方法，如安全检查表（Safety Check List，SCL）、事故树分析（Fault Tree Analysis，FTA）、故障类型及影响分析（Failure Mode and Effect Analysis，FMEA）、预先危险性分析（Preliminary Hazard Analysis，PHA）、危险与可操作性分析（Hazard and Operability Analysis，HAZOP）、作业条件危险性评价（LEC）等。在许多企业，安全检查表和事故分析法已应用于生产班组和操作岗位。此外，一些石油、化工等易燃、易爆危险性较大的企业，应用陶氏化学公司的火灾、爆炸危险指数评价法进行评价，许多行业和地方政府部门制定了安全检查表和评价标准。

为推动和促使安全风险评估方法在我国企业风险管理中的实践和应用，1986年，劳动人事部分别向有关科研单位下达了机械工厂危险程度分级、化工厂危险程度分级、冶金工厂危险程度分级等科研项目。1987年，机械电子部首先提出了在机械行业内开展机械工厂安全风险评估，并于1988年1月1日颁布了第一个部分安全风险评估标准——《机械工厂安全性评价标准》。化工部劳动保护研究所提出了化工厂危险程度分级方法，在相关行业的几十家企业进行了实际应用。

国家“八五”科技攻关课题中，安全风险评估方法研究被列为重点攻关项目。由劳动部劳动保护科学研究所等单位完成的“易燃、易爆、有毒重大危险源辨识、评价技术研究”项目，将重大危险源评价分为固有危险性评价和现实危险性评价，后者在前者的基础上考虑各种控制因素，反映了人对控制事故发生和事故后果扩大的主观能动作用。易燃、易爆、有毒重大危险源辨识、评价方法填补了我国跨行业重大危险源评价方法的空白；在事故严重度评价中建立了伤害模型库，采用了定量的计算方法，使我国工业安全评价方法的研究从定性评价进入定量评价阶段。

与此同时，安全风险预评价工作在建设项目“三同时”工作向纵深发展过程中开展起来。经过几年的实践，1996 年，劳动部颁发了第 3 号令，规定六类建设项目必须进行劳动安全卫生预评价。预评价是根据建设项目的可行性研究报告内容，运用科学的评价方法，分析和预测该建设项目存在的职业危险有害因素的种类和危险、危害程度，提出合理可行的安全技术和管理对策，作为该建设项目初步设计中安全技术设计和安全管理、监察的主要依据。

第二节　国内外风险管控体系研究现状

一、国外风险管控体系研究现状

在全球经济一体化的背景下，国际上广为流行的 OHSMS、NOSA、ISO 等安全风险管理体系被广泛应用到企业管理，应用体系化、标准化的安全管理模式已成为趋势。风险管理体系以风险控制为主线，以 PDCA 闭环管理为原则，系统地提出了安全生产管理的具体内容，指明了风险管控的目标、规范要求与管理途径，为管理与作业的规范化提出了具体的工作指导。各地区及国家提出了相关标准，如英国的 BS8800：1996→OHSAS 18001：1999，国际损失控制协会（ILCT）国际安全评定系统（ISRS），澳大利亚AS/NZS 4801职业安全健康管理体系，日本JISHA职业安全管理体系导则，跨国公司的安全管理系统3S、Shell、ICI。如今，国际上广为流行的OHSMS、ISO 14000、ISO 9000、NOSA、IGH等体系被越来越多的企业所运用。世界500强企业安全管理主要采取三大模式：第一种是企业自主开发的安全管理系统（壳牌石油、GE）；第二种是基于行为的安全管理系统（如杜邦的安全观察培训）；第三种是政府或者行业组织制定的标准，如OSHMS、NOSA、ISO等。

NOSA：NOSA是南非国家职业安全协会（National Occupational Safety Association）的简称，成立于1951年4月11日。NOSA五星管理系统是南非国家职业安全协会于1951年创建的一种科学、规范的职业安全卫生管理体系，现特指企业安全、健康、环保管理系统，NOSA五星管理系统已经被证实为一个实用性极强的管理系统。1987年NOSA开始对其他国家提供服务以后，已有10多个国家和地区采用NOSA五星管理系统。

OHSAS 18001标准：职业安全健康管理体系（OSHMS）是继ISO 9000（质量管理体系）和ISO 14000（环境管理体系）之后企业持续发展的又一个重要的标准化管理体系，即OHSAS 18001《职业安全健康管理体系-规范》、OHSAS 18002《职业安全健康管理体系-OHSAS 18001实施指南》。OHSMS是20世纪90年代中后期在国际上逐渐兴起的现代安全生产管理模式。2001年11月，国家质量监督检验检疫总局在编译OSHAS 18001后发布了《职业健康安全管理体系 规范》（GB/T 28001）。后改为《职业健康安全管理体系 要求及使用指南》（GB/T 45001—2020）。

HSE（Health、Safety、Environment）管理体系是三位一体的管理体系。由于在实际工作过程中安全、环境与健康的管理有着密不可分的联系，因此，一些行业尤其是石油行业就把健康（H）、安全（S）和环境（E）融合在一起形成一个更加广泛的综合性管理体系标准模式。

二、国内风险管控体系研究现状

1. 国内风险管控体系起源

我国在20世纪80年代逐步由“引进”风险管理思想转变为自己综合深入

研究风险问题的诸多方面。在围绕企业总体经营目标、建立健全全面风险管理体系的同时，安全生产管理也在传统的经验管理、制度管理的基础上，引入并强化了预防为主的风险管理。

1999 年 10 月，国家经贸委颁布了《职业健康安全管理体系试行标准》，2001 年 11 月 12 日，国家质量监督检验检疫总局正式颁布了《职业健康安全管理体系 规范》（GB/T 28001），该标准与 OHSAS 18001 内容基本一致。后更新为《职业健康安全管理体系 要求及使用指南》（GB/T 45001—2020）。该标准要求“组织应建立并保持程序，以便持续进行危险源辨识、风险评价和必要控制措施的确定”。

国务院机构改革后，国家安全生产监督管理局重申要继续做好建设项目安全预评价、安全验收评价、安全现状综合评价及专项安全评价。2002 年 6 月 29 日颁布了《中华人民共和国安全生产法》，规定生产经营单位的建设项目必须实施安全“三同时”，同时还规定矿山建设项目和用于生产、储存危险物品的建设项目应进行安全条件论证和安全评价。

2003 年，国家煤矿安全监察局将质量标准化拓展为“安全质量标准化”，在全国所有生产煤矿及新建、技改煤矿大力推动煤矿安全质量标准化建设。2004 年后，工矿、商贸、交通、建筑施工等企业逐步开展安全质量标准化活动。2010 年，《企业安全生产标准化基本规范》（AQ/T 9006—2010）发布，对开展安全生产标准化建设的核心思想、基本内容、考评办法等进行规范，成为各行业企业制定安全生产标准化评定标准、实施安全生产标准化建设的基本要求和核心依据，其中“安全风险管控与隐患排查治理”是企业安全生产标准化建设的核心要素之一。

第一个全面风险管理指导性文件在 2006 年 6 月发布，即国务院国资委发布的《中央企业全面风险管理指引》，我国进入了风险管理理论研究与应用的新阶段。

风险防控管理虽然是近些年来才运用到安全工程领域的一门科学，但得到了我国相当多企业的认同，并在实践中结合企业实际，形成了企业独有的风险预控管理系统。例如，南方电网有限责任公司早在 2003 年 5 月由南方电网公司安监部开展了现代安全管理体系研究，2005 年组织编制了《电力企业安健环综合风险管理体系指南（PCAP 体系）》，2007 年结合电网企业自身的特点，对 PCAP 体系进行了改进和修编，形成了南方电网公司自主知识产权的

“安全生产风险管理体系”，并开始组织实施推广。

党的十八大以来，党中央、国务院把“安全风险管控与隐患排查治理”作为进一步加强安全生产工作的治本之策。国务院安委会办公室，国家安全生产监督管理总局，各地区、各有关部门和单位以及社会各方面在党中央、国务院的坚强领导下，做了大量工作，事故防范和应急处置能力明显增强，取得的成效也很明显，事故总量大幅度下降，重特大事故明显减少，全国安全生产形势持续稳定好转。单就安全风险管控工作而言，自从党中央、国务院多次强调及对此提出明确具体要求后，国务院安委会办公室先后下发了《关于印发标本兼治遏制重特大事故工作指南的通知》（安委办［2016］3号)、《关于实施遏制重特大事故工作指南构建双重预防机制的意见》（安委办［2016］11号)、《关于实施遏制重特大事故工作指南全面加强安全生产源头管控和安全准入工作的指导意见》（安委办［2017］7号)，要求把安全风险管控、职业病防治纳入经济和社会发展规划、区域开发规划，把安全风险管控纳入城乡总体规划，实行重大安全风险“一票否决”。要组织开展安全风险评估和防控风险论证，明确重大危险源清单。要制定科学的安全风险辨识程序和方法，全面开展安全风险辨识。要构建形成点、线、面有机结合，无缝对接的安全风险分级管控和隐患排查治理双重预防性的工作体系。

为了指导地方政府和企业开展双重预防机制建设，原国家安全监管总局遏制重特大事故工作协调小组编制了《构建风险分级管控和隐患排查治理双重预防机制基本方法》，分别指出了构建企业双重预防机制、构建城市双重预防机制的工作目标与基本要求、风险辨识与评估、风险分级管控的程序和内容等，并列举了相关案例。一些地方、部门和单位尤其是各级安全监管部门、煤矿安全监察机构开始重视并着手进行研究，率先对本地区、单位的安全风险点进行了辨识、认定、分类、评估并分级分档管控，收到了良好效果，且创造出一些先进的管理思想、理念、方法和经验。

2. 国内风险管控体系现状

2010年，易高翔[3] 为全面掌握北京市危险化学品企业基本情况，开展了危险化学品企业安全生产风险评估分级研究，借鉴国外经验和国内有关科研成果，提出了固有风险和动态风险相结合的危险化学品安全生产风险评估方法。固有风险为企业的基本风险水平，主要由危险化学品物质量、工艺水平、安全监控和周边环境决定，为共性指标；动态风险反映企业安全生产管理绩效水平，主要包括安全基础管理和现场管理，为个性指标，不同企业类型，评估动态风险指标有差异。从大量数据中抽取了最能反映企业安全生产状态的指标因素，通过专家组打分法和层次分析法确定评价因素的权重。

2018年，应急管理部印发《危险化学品生产储存企业安全风险评估诊断分级指南（试行）》，对九个项目（固有危险性、周边环境、设计与评估、设备、自控与安全设施、人员资质、安全管理制度、应急管理、安全管理绩效）规定了分值，根据评估内容进行扣分，每个项目分值扣完为止，最低为0分。安全风险从高到低依次对应为红色、橙色、黄色、蓝色。总分在90分以上（含90分）的为蓝色；75分（含75分）至90分的为黄色；60分（含60分）至75分的为橙色；60分以下的为红色。

2018年，吕慧等[4] 在燃气门站、管线和小区的可能性指标体系和后果严重性的指标体系基础上，建立了燃气行业安全风险评估分级模型，模型通过层次分析法计算各指标的权重，采用线性加权平均模糊综合评判模型对研究对象进行风险评估，最后根据风险矩阵判定风险等级。

2019年，董涛[5] 从煤矿安全管理实际出发，确定分步骤建设安全风险分级管控体系，提出了安全风险的评估分级的方法。首先明确安全风险的评估因素：导致事故发生的可能性、事故可能造成的人员或财产损失，再利用 $W=PM$ 确定风险评估值。式中，W 为风险评估值；P 为事故发生可能性赋值；M 为人员伤害程度及范围或财产损失额赋值。安全风险评估因素赋值见表2-1。

表2-1　安全风险评估因素赋值查询表

发生事故的可能性(P)	人员伤害程度(M)	财产损失/万元	P 或 M 赋值
不可能	1人受轻微伤害	0～0.2	1
很少	1人受到伤害需要急救或多人受轻微伤害	0.2～1	2
低可能	1人受重伤	1～4	3
可能发生	多人受重伤	4～100	4
能发生	1人死亡	100～500	5
有时发生	多人死亡	＞500	6

根据得出的风险评估值大小，风险等级从高到低分为重大风险、较大风险和一般风险及低风险4个等级，分别用4种颜色标记（红、橙、黄、蓝）。安全风险评估值与安全风险等级对应关系见表2-2。

表2-2 安全风险评估值与安全风险等级对应关系

安全风险评估值	安全风险等级	颜色名称
1～2	低风险	蓝
3～8	一般风险	黄
9～16	较大风险	橙
18～36	重大风险	红

2019年，张国民、张豪[6] 提出了山西省水路交通安全生产风险源分类、界定、等级划分、风险辨识、评估标准和方法。将各风险源分类分解为一级指标和二级指标并赋予其一定分值的方法进行评估，评估的分值越高风险越大，据此确定其风险源相应的风险等级。

2017～2019年部分省市制定了城市安全风险评估的地方标准和指导文件，见表2-3。

表2-3 部分省市风险评估的标准、规范和指导文件

标准（规范、文件）名称	发布部门（实施时间）	适用范围	风险评估方法
《城市安全风险评估导则》（DB37/T 3546—2019）	山东省市场监督管理局（2019年6月29日）	适用于对山东省城市自然灾害、事故灾难的安全风险评估工作。公共卫生事件和社会安全事件不适用。 自然灾害：水旱灾害、气象灾害、地震灾害、地质灾害、海洋灾害。 事故灾难：煤矿事故、金属非金属矿山事故、危险化学品事故、烟花爆竹和民用爆炸物事故、建筑施工事故、其他工矿商贸事故、火灾事故、交通事故、特种设备事故、基础设施和公用设施事故、环境污染和生态破坏事件、踩踏事件、核与辐射事故、能源供应中断事故等	一般采用安全检查表法、综合分析法、专家评议法、事故后果模拟分析法等，也可参考GB/T 27921《风险管理 风险评估技术》中提供的技术方法，有化工装置选用定量风险评价方法时，可参照AQ/T 3046《化工企业定量分析评价导则》

续表

标准(规范、文件)名称	发布部门(实施时间)	适用范围	风险评估方法
《城市安全风险评估导则》(DB4403/T 4—2019)	深圳市市场监督管理局(2019年2月1日)	适用于深圳市市(区)政府、街道办事处和相关行业领域管理部门展开风险评估。 自然灾害:气象灾害、洪涝灾害、地质灾害和其他。 事故灾难:工商贸易企业事故、交通运输事故、火灾事故、公共设施和设备事故、核与辐射事故、环境污染和生态破坏事故	风险矩阵法
《昆山市城市安全风险评估管控实施方案》	昆山市人民政府(2017年9月6日)	空间范围:空间范围为城市建成区,即全市行政区范围内经过征用的土地和实际建设发展起来的生产建设地段,同时还包括重要水上交通航道。 风险范围:根据《中华人民共和国突发事件应对法》等的相关规定,城市公共安全分为自然灾害、事故灾难、公共卫生事件和社会安全事件等四类。 行业范围:安全风险评估管控工作以生产经营单位为切入点,立足于维护全市城市公共安全,重点对存在危害公共安全风险的单位进行评估和管控。根据《国民经济行业分类》(GB/T 4754—2011)标准,全市行政区域内易发生较大以上事故的行业	
《成都市安全风险评估基本规范》《成都市安全风险管理实施办法(试行)》《成都市生产安全事故应急资源调查规范(试行)》《成都市生产安全事故应急能力评估规范(试行)》	成都市人民政府安全生产委员会(2018年8月7日)	《成都市安全风险评估基本规范》适用于市行政区域内生产经营单位安全风险	生产经营单位基于安全风险源辨识评估结果,根据综合安全风险分级评估标准进行评估,判定综合安全风险等级,从高到低依次对应为Ⅰ级、Ⅱ级、Ⅲ级、Ⅳ级。总分在60分以下的为Ⅰ级;60分(含)至75分的为Ⅱ级;75分(含)至90分的为Ⅲ级;90分(含)以上的为Ⅳ级

续表

标准(规范、文件)名称	发布部门(实施时间)	适用范围	风险评估方法
《城市安全风险评估工作指导意见》	天津市安全生产委员会(2017年8月1日)	本意见所称的城市安全风险,是指各区政府辖区内各区域、各行业领域、各生产经营单位和其他法人单位的生产安全事故灾难风险,不包括自然灾害、公共卫生、社会安全等领域风险,但应高度关注自然灾害引发生产安全事故的风险	各街镇(园区)整体风险等级划分标准

第三节　危险化学品重特大事故案例分析

我国是化工大国，危险化学品种类繁多，由于“高温、高压、易燃易爆、有毒有害、连续作业、链长面广、能量集中”的行业特点，近年来危险化学品重特大事故时有发生，这些事故不仅暴露出企业安全管理及应急处置中存在的薄弱环节和漏洞，还造成恶劣的社会影响，特别是天津港“8·12”瑞海国际物流有限公司危险品仓库特别重大火灾爆炸事故、江苏响水天嘉宜化工有限公司“3·21”特别重大爆炸事故等，人员伤亡和财产损失惨重，教训深刻。

为认真吸取事故教训、提升安全意识和应急处置能力，有效防范和坚决遏制生产安全事故，从根本上预防危险化学品重特大事故，有必要进行危险化学品事故案例统计分析，进而为我们进行危险化学品企业重大风险辨识评估与分级管控提供参考依据，以达到风险预控、关口前移，全面推行安全风险分级管控，进一步强化隐患排查治理，推进事故预防工作科学化、信息化、标准化，实现把风险控制在隐患形成之前、把隐患消灭在事故前面的目的。

收集的危险化学品事故案例主要来源于应急管理部网站、相关著作、部分省应急管理厅网站公布的事故调查报告，从881个危险化学品事故案例中挑选出重特大事故案例进行分析（不包括交通事故案例和烟花爆炸事故案例），共包括1979～2019年发生的40个重大和特别重大危险化学品事故案例。

重特大（重大和特别重大的简称）危险化学品事故案例汇总表见表2-4。

表 2-4 重特大危险化学品事故案例汇总

序号	事故经过简述	事故主要原因及发生事故的工艺、设备名称	事故发生场所及事故类型	涉及的危险工艺	事故等级
1	生产过程中发生事故。 温州市电化厂液氯工段液氯钢瓶爆炸事故[7] 1979年9月7日，浙江温州市电化厂液氯工段1只液氯钢瓶发生爆炸，并引发连续爆炸及其他损害。 操作人员在充装液氯前，未检查钢瓶内有无余压，瓶内存有何种异物，也未过磅核对，仅依据钢瓶钢印注明的皮重计算充装量后就开始充装液氯，致液氯遇钢瓶中的石蜡，在瓶内残存的三氯化铁的催化下，发生自由基链式反应，并放出大量热，由此而发生钢瓶爆炸。 事故原因：(1)生产工艺不符合化工部制定的《氯化石蜡生产技术规程》；(2)操作人员违反了关于“瓶内气体不能用尽，必须留有余压”“钢瓶内液氯不能用尽，必须留有比氯化反应釜内压力较高的余压，防止物倒吸入钢瓶”的规定；(3)液氯充装人员违反了“未判明装过何种气体或瓶内没有余压钢瓶严禁充装气体”“在充装液氯钢瓶前必须对皮重进行校核”等规定	事故原因：设计工艺缺陷，违章操作，管理缺陷。 发生事故的工艺、设备名称：液氯钢瓶	生产场所 爆炸、中毒		特大
2	生产过程中发生事故。 吉林市煤气公司液化气站球罐破裂爆炸事故[7] 1979年12月18日，吉林市煤气公司液化气站的102#400m^{3}液化石油气球罐发生破裂，大量液化石油气喷出，顺风向北扩散，遇明火发生燃烧，引起球罐爆炸。 事故原因：(1)该球罐的破裂属于低应力的脆性断裂。(2)经宏观检查及无损检验，上、下环焊焊接质量很差，焊缝表面及内部存在熔合不良、夹渣等缺陷。(3)事故发生前，在上、下环焊壁焊趾的一些部位已经存在裂纹，这些裂纹与焊接缺陷有关。(4)球罐投用后，未进行检验	事故原因：设备施工质量缺陷，管理缺陷。 发生事故的工艺、设备名称：液化石油气球罐	生产场所 火灾爆炸		特大

续表

序号	事故经过简述	事故主要原因及发生事故的工艺、设备名称	事故发生场所及事故类型	涉及的危险工艺	事故等级
3	生产过程中发生事故。 福建省福鼎县制药厂“3·9”冰片车间汽油爆炸事故 1982年3月9日，福建省福鼎县制药厂冰片车间发生汽油爆燃事故。事发时，操作工正在用聚氯乙烯管从结晶槽内抽油（冰片制作过程中，汽油作冰片结晶溶解液），无接地装置的聚氯乙烯管在抽油过程中产生静电引发火灾。火灾发生后，指挥失误，灭火方法不当，连续爆燃、封死退路，导致事故扩大	事故原因：操作失误，管理缺陷，应急救援不当。 发生事故的工艺、设备名称：冰片制作工艺	生产场所 火灾爆炸		特大
4	检修过程中发生事故。 河北保定市石油化工厂“3·31”渣油罐焊接作业爆炸事故 1984年3月31日，河北保定市石油化工厂渣油罐发生爆炸事故，波及相距20m的两个容积为1800m³的汽油罐，引起汽油罐爆炸起火。事故直接原因是：该厂违章输送渣油，油温过高，在罐区形成可燃性气体，员工违章进行焊接作业，引爆可燃性气体，导致事故发生	事故原因：违章操作，管理缺陷。 发生事故的工艺、设备名称：渣油罐	储存场所、检修 火灾爆炸		重大
5	检修过程中发生事故。 重庆市长寿化工总厂污水池“5·4”爆炸事故 1987年5月4日，重庆市长寿化工总厂氯丁橡胶污水处理车间发生爆炸事故。事故的直接原因是：在未办理动火作业手续的情况下，电话请示公司副经理得到口头许可，即开始对污水处理分流槽管线法兰实施焊接作业。焊接火花引燃了分流槽内的易燃物，引起大火，继而引燃了污水处理池内的乙烯基乙炔、乙醛、乙炔等易燃气体，发生爆炸	事故原因：违章操作，管理缺陷。 发生事故的工艺、设备名称：污水池	生产场所 火灾爆炸		重大

续表

序号	事故经过简述	事故主要原因及发生事故的工艺、设备名称	事故发生场所及事故类型	涉及的危险工艺	事故等级
6	生产过程中发生事故。 上海高桥石化炼油厂“10・22”液化气爆燃事故 1988年10月22日，上海高桥石化炼油厂小梁山球罐区发生一起液化气爆燃事故。事发时，该厂油品车间球罐区的作业人员正在对一液化气球罐进行开阀脱水操作，操作人员未按规程操作，边进料边脱水，致使水和液化气一同排出，通过污水池大量外逸。逸出的液化气随风蔓延扩散，遇球罐区围墙外临时工棚内取暖炉中的明火，引发大火	事故原因：违章操作，管理缺陷。 发生事故的工艺、设备名称：液化气球罐区	储存场所 火灾爆炸		重大
7	检修过程中发生事故。 吉林省延吉市化肥厂“11・23”中毒事故 1988年11月23日，吉林省延吉市化肥厂发生一氧化碳中毒事故，造成多名外来施工人员中毒死亡。事发前10天，外来的施工人员被安排在该厂新造气车间办公室里住宿并安装了自制暖气，由生产用锅炉供暖。事发当日凌晨，锅炉给水泵发生故障，在抢修中蒸汽压力下降，变换系统的半水煤气沿蒸汽管倒流入生活用蒸汽系统，通过办公室里的自制暖气两处漏点漏入室内，致使员工全部中毒死亡	事故原因：设计缺陷，管理缺陷。 发生事故的工艺、设备名称：水煤气泄漏	办公室、检修 中毒		重大
8	生产过程中发生事故。 山东黄岛油库“8・12”重大火灾事故 1989年8月12日，黄岛油库发生重大火灾爆炸事故。事故的直接原因是：黄岛油库储存有2.3万立方米原油的5号混凝土油罐由于本身存在缺陷，又遭受雷击，引起油气爆燃着火，导致附近储罐的爆燃。随后火焰席卷了整个库区并波及了附近的其他单位。外溢的原油流入了胶州湾，造成了海洋污染	事故原因：设计缺陷、设备质量缺陷、管理缺陷。 发生事故的工艺、设备名称：油罐	储存场所 火灾爆炸		重大

续表

序号	事故经过简述	事故主要原因及发生事故的工艺、设备名称	事故发生场所及事故类型	涉及的危险工艺	事故等级
9	生产过程中发生事故。 辽宁本溪草河口化工厂"8·29"爆炸事故 1989年8月29日，本溪草河口化工厂PVC车间聚合工段因氯乙烯外泄，发生空间爆炸。事故的直接原因是：由于操作错误，反应仅8h冷却水被停用（该厂聚合反应一般为11h左右），导致处于聚合反应中后期的3#釜内温度、压力骤增。因聚合釜与爆破片之间的阀门被关闭，爆破片未能起到泄压作用，氯乙烯冲破釜顶人孔垫片外泄，造成爆炸，由于静电等（不排除有电气和撞击火花）因素，随即着火	事故原因：操作失误，管理缺陷。 发生事故的工艺、设备名称：聚合反应	生产场所 火灾爆炸	聚合工艺	重大
10	生产过程中发生事故。 辽宁省辽阳市庆阳化工厂"2·9"爆炸事故 1991年2月9日，辽宁省辽阳市庆阳化工厂二分厂TNT生产线发生爆炸事故。事故的直接原因是：硝酸加料阀内漏，反应后移，导致反应不完全的硝化物进入分离器之后继续反应，从而造成分离器起火，随着火势蔓延，导致爆炸发生	事故原因：设备缺陷，管理缺陷。 发生事故的工艺、设备名称：TNT生产线	生产场所 火灾爆炸	硝化工艺	重大
11	生产过程中发生事故。 郑州市食品添加剂厂"6·26"库房过氧化苯甲酰爆炸事故 1993年6月26日，河南省郑州市食品添加剂厂发生爆炸事故。库房过量存放过氧化苯甲酰是导致爆炸的直接原因。事故发生的其他原因有厂房布局不合理、仓库与办公室混用，而且对职工随便吸烟无任何限制	事故原因：违章作业，厂房布局设计缺陷，管理缺陷。 发生事故的工艺、设备名称：过氧化苯甲酰库房	储存场所 火灾爆炸		重大

续表

序号	事故经过简述	事故主要原因及发生事故的工艺、设备名称	事故发生场所及事故类型	涉及的危险工艺	事故等级
12	生产过程中发生事故。 深圳市清水河危险化学品仓库"8·5"特大爆炸火灾事故 1993年8月5日，深圳市安贸危险物品储运公司清水河危险化学品仓库发生特大爆炸事故。事故的直接原因是：清水河的干杂仓库被违章改作危险化学品仓库，且大量氧化剂高锰酸钾、过硫酸铵、硝酸铵、硝酸钾等与强还原剂硫化碱、可燃物樟脑精等混存在仓库内，氧化剂与还原剂接触发生反应放热引起燃烧，导致3000多箱火柴和总量约210t的硝酸铵等着火，后引发爆炸，1h后着火区又发生第二次强烈爆炸，造成更大范围的破坏和火灾	事故原因：违章操作，管理缺陷。 发生事故的工艺、设备名称：危险化学品仓库	储存场所 火灾爆炸		特大
13	检修过程中发生事故。 山东莘县炼油厂"8·23"油罐爆炸事故 1993年8月23日，山东省莘县炼油厂发生油罐爆炸事故。事发时，承包商施工队正在对原油罐进行保温施工。当施工至油罐上部时，因施工队队长违规在罐旁吸烟，点燃从油罐气孔排出的油气，导致油罐起火爆炸	事故原因：违章操作、管理缺陷。 发生事故的工艺、设备名称：油罐	储存场所、检修 火灾爆炸		重大
14	生产过程中发生事故。 天津大华化工厂"6·26"化工原料爆炸事故 1996年6月26日，天津大华化工厂发生爆炸事故。事发前几日持续高温，厂房房顶为石棉瓦，隔热性差，高温促进了氧化剂的燃烧过程。氧化剂氯酸钠和有机物发生氧化反应放热，热量又加速了其氧化反应，该循环最终导致有机物和可燃物燃烧。救火过程中泼向氯酸钠（强氧化剂）的酸性水，加速了氧化剂的氧化分解过程，产生大量氯酸。氯酸及氯酸钠混合物爆炸产生的高温高压气体引起了2,4-二硝基苯胺的爆炸	事故原因：厂房设计缺陷，管理缺陷，应急救援不当。 发生事故的工艺、设备名称：厂房内化工原料	生产场所 火灾爆炸		重大

续表

序号	事故经过简述	事故主要原因及发生事故的工艺、设备名称	事故发生场所及事故类型	涉及的危险工艺	事故等级
15	生产过程中发生事故。 北京东方化工厂"6·27"罐区特大火灾爆炸事故 1997年6月27日，北京东方化工厂发生爆炸火灾事故。事故的直接原因是：从铁路罐车往储罐卸轻柴油时开错阀门，使轻柴油进入了满载的轻柴油罐，导致轻柴油从罐顶大量溢出，溢出的轻柴油油气在扩散过程中遇到明火爆炸，继而引起罐区内乙烯球罐和其他储罐爆炸和燃烧	事故原因：操作失误，管理缺陷。 发生事故的工艺、设备名称：轻柴油罐	储存场所 火灾爆炸		特大
16	生产过程中发生事故。 陕西省兴化集团公司"1·6"硝酸铵爆炸事故 1998年1月6日，陕西省兴化集团公司硝铵装置发生爆炸。事故的直接原因是供氨系统不平衡，氨系统累积的含油和氯离子的液体从氨系统带入硝铵生产系统。含油和含氯离子高的硝铵溶液在造粒系统停车的状态下温度升高，自催化分解放热，在极短的时间内，分解产生的高热和大量高温气体产物积聚，导致硝铵爆炸	事故原因：设计缺陷，管理缺陷。 发生事故的工艺、设备名称：硝铵生产系统	生产场所 火灾爆炸	硝化工艺	重大
17	生产过程中发生事故。 陕西西安市煤气公司"3·5"液化石油气泄漏事故 1998年3月5日，陕西西安市煤气公司液化石油气管理所发生液化石油气泄漏事故，一储量400m^3的11号球形储罐突然闪爆。事故原因：400m^3的11号球形储罐下部的排污阀上部法兰密封局部失效，造成大量的液化石油气泄漏，液化石油气汽化气体飘散，大面积蔓延，遇激发能源液化石油气突然发生闪爆，整个罐区一片火海	事故原因：设备缺陷，管理缺陷。 发生事故的工艺、设备名称：液化石油气球罐	生产场所 火灾爆炸		重大

续表

序号	事故经过简述	事故主要原因及发生事故的工艺、设备名称	事故发生场所及事故类型	涉及的危险工艺	事故等级
18	检修过程中发生事故。 山东省青州市潍坊弘润石化助剂总厂“7·2”油罐爆炸事故 2000年7月2日，山东省青州市潍坊弘润石化助剂总厂2个500m^3油罐爆炸起火。事故的直接原因是动火作业时以关闭阀门代替插入盲板，动火点没有与生产系统有效隔绝，罐内爆炸性混合气体漏入正在焊接的管道内，电焊明火引起管内气体爆炸，进而引发油罐内混合气体爆炸	事故原因：违章操作，管理缺陷。 发生事故的工艺、设备名称：油罐	储存场所、检修 火灾爆炸		重大
19	检修过程中发生事故。 某钢铁公司制氧厂“8·21”空分塔燃烧事故[8] 2000年8月21日某钢铁公司制氧厂，1号1500m^3制氧机于检修过程中发生空分塔燃烧事故。事故直接原因：经专家组调查分析，公司1号1500m^3室内制氧机燃爆事故现场，因同时具备助燃物、可燃物及着火源三要素，酿成燃爆事故。其中，助燃物为排放液氧所造成的富氧空气；可燃物为膨胀机、空压机油箱的油雾及油；着火源为1号空压机电机油浸纸动力电缆端头爬电，在富氧环境中产生火花，引燃油浸纸。 液氧排放操作不当。空分工（均在事故中死亡）排放液氧时操作不当，排放速度过快，造成检修现场氧气浓度过大又来不及散发，形成富氧状态，直接为燃爆创造了条件（助燃物）。公司制氧厂《工艺监督管理办法》规定，排液氧时，“应做到液体均衡蒸发”，因为排液氧过快，没有达到要求，而使氧气积聚，来不及蒸发和散发	事故原因：违章操作，管理缺陷。 发生事故的工艺、设备名称：空分塔	生产场所 火灾爆炸		重大

续表

序号	事故经过简述	事故主要原因及发生事故的工艺、设备名称	事故发生场所及事故类型	涉及的危险工艺	事故等级
20	生产过程中发生事故。 中国石油吉化双苯厂"11·13"爆炸事故[9] 2005年11月13日，中国石油天然气股份有限公司吉林石化分公司双苯厂硝基苯精馏塔发生爆炸。并引发松花江水污染事件。事故直接原因：硝基苯精制岗位外操人员违反操作规程，在停止粗硝基苯进料后，未关闭预热器蒸汽阀门，导致预热器内物料汽化；恢复硝基苯精制单元生产时，再次违反操作规程，先打开了预热器蒸汽阀门加热，后启动粗硝基苯进料泵进料，引起进入预热器的物料突沸并发生剧烈振动，使预热器及管线的法兰松动、密封失效，空气吸入系统，由于摩擦、静电等原因，导致硝基苯精馏塔发生爆炸，并引发其他装置、设施连续爆炸	事故原因：违章操作，操作失误，管理缺陷。 发生事故的工艺、设备名称：硝基苯精制	生产场所 火灾爆炸	硝化工艺	重大
21	生产过程中发生事故。 江苏射阳盐城氟源化工公司临海分公司"7·28"氯化塔爆炸事故 2006年7月28日，江苏省盐城市射阳县盐城氟源化工公司临海分公司1号厂房氯化反应塔发生爆炸。事故的直接原因是在氯化反应塔冷凝器无冷却水、塔顶没有产品流出的情况下没有立即停车，而是错误地继续加热升温，使物料（2,4-二硝基氟苯）长时间处于高温状态，最终导致其分解爆炸	事故原因：操作失误，管理缺陷。 发生事故的工艺、设备名称：氯化反应塔	生产场所 爆炸	氯化工艺	重大
22	生产过程中发生事故。 天津宜坤精细化工公司"8·7"爆炸事故 2006年8月7日，天津市宜坤精细化工科技开发有限公司硝化车间反应釜发生爆炸。事故的直接原因是：5号硝化反应釜滴加浓硫酸速度控制不当，使釜内化学反应热量迅速积聚，又未能及时进行冷却处理，导致5号硝化反应釜发生爆炸。爆炸的冲击力及碎片引起3号、4号、6号反应釜相继爆炸	事故原因：操作失误，管理缺陷。 发生事故的工艺、设备名称：硝化车间反应釜	生产场所 爆炸	硝化工艺	重大

续表

序号	事故经过简述	事故主要原因及发生事故的工艺、设备名称	事故发生场所及事故类型	涉及的危险工艺	事故等级
23	生产过程中发生事故。 广西河池市广维化工股份有限公司“8·26”爆炸事故 2008年8月26日,广西壮族自治区河池市广维化工股份有限公司有机厂发生爆炸事故。事故的直接原因是:储存合成工段醋酸和乙炔合成反应液的CC-601系列储罐液位整体出现下降,导致罐内形成负压并吸入空气,与罐内气相物质(90%为乙炔)混合,形成爆炸性混合气体,并从液位计钢丝绳孔溢出,被钢丝绳与滑轮升降活动产生的静电火花引爆,随后罐内物料流出,蒸发成大量可燃爆蒸气云随风扩散,遇火源发生波及全厂的大爆炸和火灾	事故原因:设计缺陷,操作失误,管理缺陷。 发生事故的工艺、设备名称:储存合成工段醋酸和乙炔合成反应液的CC-601系列储罐	生产场所 火灾爆炸	聚合工艺	重大
24	检修(拆除施工—平整拆迁土地)过程中发生事故。 江苏南京“7·28”丙烯管道泄漏爆燃事故 2010年7月28日,江苏省南京市栖霞区发生一起丙烯爆燃事故。事故的直接原因是:在原塑料厂旧址上平整拆迁土地过程中,挖掘机挖穿了地下丙烯管道,造成管道内存有的液态丙烯泄漏,泄漏的丙烯蒸发扩散后,遇到明火发生爆燃	事故原因:操作失误,管理缺陷。 发生事故的工艺、设备名称:丙烯管道	旧厂址丙烯管道,拆除施工 火灾爆炸		重大
25	检修过程中发生事故。 山东新泰联合化工有限公司“11·19”爆燃事故 2011年11月19日,山东新泰联合化工有限公司发生爆燃事故。事故直接原因:停车检修三聚氰胺生产装置的道生油(导生油)冷凝器过程中,因未采取可靠的防止试压水进入热气冷却器道生油内的安全措施,造成四楼平台道生油冷凝器壳程内的水灌入三楼平台热气冷却器壳程内,水与高温道生油混合并迅速汽化,水蒸气夹带道生油从道生油冷凝器的进气口和出液口法兰处喷出,与空气形成爆炸性混合物,遇点火源发生爆燃	事故原因:操作失误,管理缺陷。 发生事故的工艺、设备名称:道生油(导生油)冷凝器	生产场所,检修 火灾爆炸		重大

续表

序号	事故经过简述	事故主要原因及发生事故的工艺、设备名称	事故发生场所及事故类型	涉及的危险工艺	事故等级
26	生产过程中发生事故。 河北赵县克尔化工有限公司"2·28"爆炸事故 2012年2月28日，河北赵县克尔化工有限公司发生爆炸事故。事故的直接原因是：反应釜底部用导热油伴热的放料阀处导热油泄漏着火，致使釜内反应产物硝酸胍和未反应完的硝酸铵局部受热，发生爆炸	事故原因：设备缺陷，管理缺陷。 发生事故的工艺、设备名称：硝酸胍生产	生产场所 火灾爆炸	硝化工艺	重大
27	生产过程中发生事故。 上海翁牌冷藏实业有限公司"8·31"重大氨泄漏事故[10] 2013年8月31日，上海翁牌冷藏实业有限公司发生氨泄漏事故。事故的直接原因是：热氨融霜违规操作，致使存有严重焊接缺陷的单冻机回气集管管帽脱落，造成氨泄漏	事故原因：设备质量缺陷、违章操作，管理缺陷。 发生事故的工艺、设备名称：液氨制冷设备	生产场所 中毒		重大
28	生产过程中发生事故。 山东省博兴县诚力供气有限公司"10·8"重大爆炸事故 2013年10月8日，山东省博兴县诚力供气有限公司稀油密封干式煤气柜在生产运行过程中发生重大爆炸事故。事故的直接原因是：该公司气柜在运行过程中，因密封油黏度降低，活塞倾斜度超出工艺要求，致使密封油大量泄漏，油位下降，活塞密封系统失效，造成煤气由活塞下部空间窜到活塞上部空间，与空气混合形成爆炸性混合气体，遇点火源发生爆炸	事故原因：设备缺陷，违章指挥，管理缺陷。 发生事故的工艺、设备名称：稀油密封干式煤气柜	储存场所 火灾爆炸		重大

续表

序号	事故经过简述	事故主要原因及发生事故的工艺、设备名称	事故发生场所及事故类型	涉及的危险工艺	事故等级
29	生产过程中发生事故。 山东省青岛市“11·22”中石化东黄输油管道泄漏爆炸特别重大事故 2013年11月22日，位于山东省青岛经济技术开发区的中国石化东黄输油管道发生爆炸事故。事故直接原因是：位于秦皇岛路与斋堂岛街交叉口处与排水暗渠交叉穿越的东黄输油管道因腐蚀减薄破裂，造成原油泄漏。泄漏的原油油气在流水暗渠内与空气混合达到爆炸极限，现场处置人员采用液压破碎锤在暗渠盖板上进行打孔破碎作业时，产生撞击火花，引发暗渠爆炸	事故原因：设备缺陷，管理缺陷。 发生事故的工艺、设备名称：输油管道	输油管道 火灾爆炸		重大
30	生产过程中发生事故。 江苏省苏州昆山市中荣金属制品有限公司“8·2”特别重大爆炸事故[11] 2014年8月2日7时34分，位于江苏省苏州市昆山市昆山经济技术开发区（以下简称昆山开发区）的昆山中荣金属制品有限公司（台商独资企业，以下简称中荣公司）抛光二车间（即4号厂房，以下简称事故车间）发生特别重大铝粉尘爆炸事故，当天造成75人死亡、185人受伤。依照《生产安全事故报告和调查处理条例》（国务院令第493号）规定的事故发生后30日报告期，共有97人死亡、163人受伤（事故报告期后，经全力抢救医治无效陆续死亡49人），直接经济损失3.51亿元。事故的直接原因是：事故车间除尘系统较长时间未按规定清理，铝粉尘集聚。除尘系统风机开启后，打磨过程产生的高温颗粒在集尘桶上方形成粉尘云。1号除尘器集尘桶锈蚀破损，桶内铝粉受潮，发生氧化放热反应，达到粉尘云的引燃温度，引发除尘系统及车间的系列爆炸。因没有泄爆装置，爆炸产生的高温气体和燃烧物瞬间经除尘管道从各吸尘口喷出，导致全车间所有工位操作人员直接受到爆炸冲击，造成群死群伤	事故原因：厂房设计缺陷、工艺设备缺陷、管理缺陷。 发生事故的工艺、设备名称：除尘器	生产场所 铝粉爆炸		特大

续表

序号	事故经过简述	事故主要原因及发生事故的工艺、设备名称	事故发生场所及事故类型	涉及的危险工艺	事故等级
31	开车过程中发生事故。 福建漳州腾龙芳烃(漳州)有限公司“4·6”爆炸着火事故[12] 2015年4月6日,位于福建省漳州市古雷港经济开发区的腾龙芳烃(漳州)有限公司二甲苯装置发生重大爆炸着火事故。事故的直接原因是:在二甲苯装置开工引料过程中出现压力和流量波动,引发液击,致使存在焊接质量问题的管道焊口断裂,物料外泄。泄漏的物料被鼓风机吸入,进入加热炉发生爆炸,导致邻近的重石脑油储罐和轻重整液储罐爆裂燃烧,大火57h后被彻底扑灭	事故原因:设备质量缺陷,管理缺陷。 发生事故的工艺、设备名称:二甲苯装置	生产场所、开车 火灾爆炸		重大
32	生产过程中发生事故。 天津港“8·12”瑞海公司危险品仓库特别重大火灾爆炸事故[13] 2015年8月12日,位于天津市滨海新区吉运二道95号的瑞海公司危险品仓库起火,随后发生两次剧烈的爆炸。事故的直接原因是:瑞海公司危险品仓库运抵区南侧集装箱内的硝化棉由于湿润剂散失出现局部干燥,在高温(天气)等因素的作用下加速分解放热,积热自燃,引起相邻集装箱内的硝化棉和其他危险化学品长时间大面积燃烧,导致堆放于运抵区的硝酸铵等危险化学品发生爆炸	事故原因:管理缺陷。 发生事故的工艺、设备名称:危险品仓库	储存场所 火灾爆炸		特大
33	生产过程中发生事故。 山东东营滨源化学有限公司“8·31”爆炸事故 2015年8月31日,山东东营滨源化学有限公司年产2万吨改性型胶黏新材料联产项目二胺车间在投料试车过程中发生爆炸事故。爆炸事故发生前,该企业先后两次组织投料试车,均因为硝化机温度波动大、运行不稳定而被迫停止。事故发生当天,企业负责人在上述异常情况原因未查明的情况下,再次强行组织试车,在出现同样问题停止试车后,车间负责人违章指挥操作人员向地面排放硝化再分离器内含有混二硝基苯的物料,导致起火并引发爆炸。由于后续装置还未完工,事故发生时有多个外来施工队伍在生产区内施工、住宿,造成事故伤亡扩大	事故原因:违章指挥,管理缺陷。 发生事故的工艺、设备名称:混二硝基苯装置	生产场所 火灾爆炸	硝化工艺	重大

续表

序号	事故经过简述	事故主要原因及发生事故的工艺、设备名称	事故发生场所及事故类型	涉及的危险工艺	事故等级
34	生产过程中发生事故。 山东临沂金誉石化有限公司“6・5”爆炸着火事故 2017年6月5日，山东省临沂市金誉石化有限公司装卸区的一辆运输石油液化气罐车，在卸车作业过程中发生液化气泄漏爆炸着火事故。事故的直接原因是：运载液化气罐车在卸车栈台卸料时，快速接头卡口未连接牢固，接头处发生脱开造成液化气大量泄漏，与空气形成爆炸性混合气体，遇点火源发生爆炸	事故原因：操作失误，管理缺陷。 发生事故的工艺、设备名称：液化气罐车在卸车栈台卸料	储存场所 火灾爆炸		重大
35	生产过程中发生事故。 江苏连云港聚鑫生物公司“12・9”重大爆炸事故 2017年12月9日，江苏省连云港市聚鑫生物公司间二氯苯生产装置发生爆炸事故，导致装置所在的四车间和相邻的六车间坍塌。事故直接原因是：尾气处理系统的氮氧化物（夹带硫酸）串入保温釜，与釜内物料发生化学反应，持续放热升温，并释放氮氧化物气体，使用压缩空气压料时，高温物料与空气接触，反应加剧，紧急卸压放空时，遇静电火花燃烧，釜内压力骤升，物料大量喷出，与釜外空气形成爆炸性混合物，遇火源发生爆炸	事故原因：设计缺陷，管理缺陷。 发生事故的工艺、设备名称：二氯苯生产装置	生产场所 火灾爆炸	硝化工艺、氯化工艺	重大
36	生产过程中发生事故。 四川省宜宾恒达科技有限公司“7・12”重大爆炸事故 2018年7月12日，四川省宜宾恒达科技有限公司发生重大爆炸事故。该公司原设计生产规模为年产2000t 5-硝基间苯二甲酸、300t 2-(3-磺酰基-4-氯苯甲酰)苯甲酸等，实际生产的却是咪草烟（除草剂）和1,2,3-三氮唑（医药中间体）。该起事故的直接原因是：恒达科技公司在咪草烟生产过程中，操作人员将无包装标识的氯酸钠当作丁酰	事故原因：操作失误，管理缺陷。 发生事故的工艺、设备名称：咪草烟生产装置	生产场所 火灾爆炸		重大

续表

序号	事故经过简述	事故主要原因及发生事故的工艺、设备名称	事故发生场所及事故类型	涉及的危险工艺	事故等级
36	胺，补充投入 R301 釜中进行脱水操作。在搅拌状态下，丁酰胺-氯酸钠混合物形成具有迅速爆燃能力的爆炸体系，开启蒸汽加热后，丁酰胺-氯酸钠混合物的 BAM 摩擦及撞击感度随着釜内温度升高而升高，在物料之间、物料与釜内附件和内壁相互撞击、摩擦下，引起釜内的丁酰胺-氯酸钠混合物发生化学爆炸，爆炸导致釜体解体；随釜体解体过程冲出的高温甲苯蒸气，迅速与外部空气形成爆炸性混合物并产生二次爆炸，同时引起车间现场存放的氯酸钠、甲苯与甲醇等物料殉爆殉燃和二车间、三车间着火燃烧，进一步扩大了事故后果，造成重大人员伤亡和财产损失	事故原因：操作失误，管理缺陷。 发生事故的工艺、设备名称：咪草烟生产装置	生产场所 火灾爆炸		重大
37	生产过程中发生事故。 河北张家口中国化工集团盛华化工公司“11・28”重大爆燃事故 2018 年 11 月 28 日，位于河北张家口望山循环经济示范园区的中国化工集团河北盛华化工有限公司氯乙烯泄漏扩散至厂外区域，遇火源发生爆燃。事故直接原因：盛华化工公司聚氯乙烯车间的 1＃氯乙烯气柜长期未按规定检修，事发前氯乙烯气柜卡顿、倾斜，开始泄漏，压缩机入口压力降低，操作人员没有及时发现气柜卡顿，仍然按照常规操作方式调大压缩机回流，进入气柜的气量加大，加之调大过快，氯乙烯冲破环形水封泄漏，向厂区外扩散，遇火源发生爆燃。	事故原因：设备缺陷，管理缺陷。 发生事故的工艺、设备名称：氯乙烯生产装置	生产场所 火灾爆炸	氯化工艺	重大
38	生产过程中发生事故。 江苏响水天嘉宜化工有限公司“3・21”特别重大爆炸事故[14] 2019 年 3 月 21 日 14 时 48 分许，位于江苏省盐城市响水县生态化工园区的天嘉宜化工有限公司（以下简称天嘉宜公司）发生特别重大爆炸事故。事故直接原因是：天嘉宜公司旧固废库内长期违法储存的硝化废料持续积热升温导致自燃，燃烧引发硝化废料爆炸	事故原因：管理缺陷。 发生事故的工艺、设备名称：旧固废库	储存场所 火灾爆炸		特大

续表

序号	事故经过简述	事故主要原因及发生事故的工艺、设备名称	事故发生场所及事故类型	涉及的危险工艺	事故等级
39	生产过程中发生事故。 济南齐鲁天和惠世制药有限公司“4·15”重大着火中毒事故 2019年4月15日，齐鲁天和惠世制药有限公司在冻干车间地下室管道改造过程中发生事故。事故的直接原因是天和公司四车间地下室管道改造作业过程中，违规进行动火作业，电焊或切割产生的焊渣或火花引燃现场的堆放的冷媒增效剂(主要成分是氧化剂亚硝酸钠，有机物苯并三氮唑、苯甲酸钠)，瞬间产生爆燃，放出大量氮氧化物等有毒气体，造成现场施工和监护人员中毒窒息死亡	事故原因：违章操作，管理缺陷。 发生事故的工艺、设备名称：冷媒增效剂	生产场所，检修 火灾、中毒窒息		重大
40	生产过程中发生事故。 河南省三门峡市河南煤气集团义马气化厂“7·19”重大爆炸事故[15] 2019年7月19日，河南省三门峡市河南煤气集团义马气化厂C套空分装置发生重大爆炸事故。事故直接原因：义马气化厂C套空分装置冷箱标高42m处V701阀(粗氩冷凝器液空出口阀)相连接管道发生泄漏没有及时处理(时间长达23d)，富氧液体泄漏至珠光砂中，低温液体造成冷箱支撑框架和冷箱板低温冷脆，在冷箱超压情况下，发生剧烈喷砂现象(砂爆)并导致冷箱倒塌。冷箱及铝制设备倒向东北方向，砸裂东侧500m^{3}液氧储槽及停放在旁边的液氧槽车油箱，大量液氧迅速外泄到周边区域，可燃物(汽车发动机油、柴油、铝质材料)，助燃气体(氧气)，激发能源(存有余温的发动机、正在运行的液氧充车泵及电控箱产生的电弧火花，坠落物机械冲击)三要素共同造成第一次爆炸，第一次爆炸产生的能量作为激发能，使处于富氧环境的填料(厚度0.15mm)、筛板、板式换热器等铝质材料发生第二次爆炸	事故原因：管理缺陷。 发生事故的工艺、设备名称：空分装置	生产场所 火灾爆炸		重大

注：1. 特别重大事故，是指造成30人以上死亡，或者100人以上重伤（包括急性工业中毒，下同），或者1亿元以上直接经济损失的事故；

2. 重大事故，是指造成10人以上30人以下死亡，或者50人以上100人以下重伤，或者5000万元以上1亿元以下直接经济损失的事故；

3. “以上”包括本数，“以下”不包括本数。

重特大危险化学品事故案例分析汇总表见表 2-5。

表 2-5　重特大危险化学品事故案例分析汇总表

事故发生的时期	事故发生的场所	涉及重点监管的危险化工工艺事故	事故等级	事故类型	事故主要原因	事故发生的时间
生产过程 31 个(占 77.5%)	生产场所 26 个(占 65%)	11 个涉及重点监管的危险工艺(占 27.5%)	重大事故 31 个(占 77.5%)	容器(液氯钢瓶)爆炸、中毒事故 1 个(占 2.5%)	存在设计缺陷的事故 9 个(占 22.5%)	1970～1979 年有 2 个(占 5%)
检修过程 8 个(占 20%)	储存场所 12 个(占 30%)	29 个不涉及重点监管的危险工艺(占 72.5%)	特别重大事故 9 个(占 22.5%)	火灾、中毒窒息事故 1 个(占 2.5%)	存在违章操作、违章指挥、操作失误的事故 24 个(占 60%)	1980～1989 年有 7 个(占 17.5%)
开车过程 1 个(占 2.5%)	旧厂址 1 个(占 2.5%)			中毒事故 2 个(占 5%)	存在管理缺陷的事故 40 个(占 100%)	1990～1999 年有 8 个(占 20%)
停车过程 0 个(占 0%)	办公室 1 个(占 2.5%)			爆炸事故 2 个(反应釜爆炸)(占 5%)	存在设备质量缺陷的 11 个(占 27.5%)	2000～2009 年有 6 个(占 15%)
				粉尘(铝粉)爆炸事故 1 个(占 2.5%)	存在应急救援不当的事故 2 个(占 5%)	2010～2019 年有 17 个(占 42.5%)
				火灾爆炸事故 33 个(占 82.5%)		

通过以上事故案例分析可见，77.5%的重特大（危险化学品事故是在生产过程中发生的，20%的重特大危险化学品事故是在检修过程中发生的；65%的重特大危险化学品事故发生在生产场所，30%的重特大危险化学品事故发生在储存场所；27.5%的重特大危险化学品事故涉及重点监管的危险化工工艺；82.5%的重特大危险化学品事故为火灾爆炸事故；100%的重特大危险化学品事故都存在管理缺陷，60%的重特大危险化学品事故原因与违章操作、违章指挥、操作失误等人为因素有关；42.5%的重特大危险化学品事故发生在 2010～2019 年这 10 年间，说明随着国民经济的快速发展，化工企业也是迅速发展，生产规模日趋扩大，使用危险化学品的企业也在不断增加，导致重特大危险化学品事故增幅较大。

参考文献

[1] 刘铁民，张兴凯，刘功智．安全评价方法应用指南[M]. 北京：化学工业出版社，2005.

[2] 吴宗之，高进东，魏利军．危险评价方法及其应用[M]. 北京：冶金工业出版社，2001.

[3] 易高翔．北京市危险化学品企业安全生产风险评估分级研究[J]. 中国安全生产科学技术，2010，6（6）：93-97.

[4] 吕慧，张慧，朱伟等．基于点-线-面的城市燃气行业安全风险评估分级标准研究（Ⅱ）——风险评估分级模型[J]. 标准科学，2018，5：157-162.

[5] 董涛．安全风险分级管控实践[J]. 露天采矿技术，2019，34（1）：98-100.

[6] 张国民，张豪．山西省水路交通安全生产风险辨识、评估与管控研究[J]. 山西交通科技，2019，5：96-99.

[7] 张广华．危险化学品重特大事故案例精选[M]. 北京：中国劳动社会保障出版社，2007：3-315.

[8] 中国安全生产科学研究院．危险化学品事故案例[M]. 北京：化学工业出版社，2005：45-48.

[9] 吉化“11·13”特大爆炸事故及松花江特别重大水污染事件基本情况及处理结果[EB/OL]. [2006-12-21]. https://www.mem.gov.cn/gk/sgcc/tbzdsgdcbg/2006/200612/t20061221_245275.shtml.

[10] 应急管理部化学品登记中心．危险化学品事故案例分析[M]. 北京：应急管理出版社，2020：212-216.

[11] 江苏省苏州昆山市中荣金属制品有限公司“8·2”特别重大爆炸事故调查报告[EB/OL]. [2014-12-30]. https://www.mem.gov.cn/gk/sgcc/tbzdsgdcbg/2014/201412/t20141230_245223.shtml.

[12] 方文林．危险化学品典型事故案例分析[M]. 北京：中国石化出版社，2018：29-30.

[13] 天津港“8·12”瑞海公司危险品仓库特别重大火灾爆炸事故调查报告[EB/OL]. [2016-02-05]. https://www.mem.gov.cn/gk/sgcc/tbzdsgdcbg/2016/201602/P020190415543917598002.pdf

[14] 江苏响水天嘉宜化工有限公司“3·21”特别重大爆炸事故调查报告[EB/OL]. [2019-11-15]. https://www.mem.gov.cn/gk/sgcc/tbzdsgdcbg/2019tbzdsgcc/201911/P020191115565111829069.pdf.

[15] 三门峡市河南煤气（集团）有限责任公司义马气化厂“7·19”重大爆炸事故调查报告[EB/OL]. [2020-07-29]. http://yjglt.henan.gov.cn/2020/07-29/1746472.html.

参考文献

第三章

基于遏制重特大事故的“五高”风险管控理论

第一节　概念提出

为防范和遏制重特大事故，《国务院安委会办公室关于实施遏制重特大事故工作指南全面加强安全生产源头管控和安全准入工作的指导意见》（安委办［2017］7号）提出要着力构建集规划设计、重点行业领域、工艺设备材料、特殊场所、人员素质“五位一体”的源头管控和安全准入制度体系，减少高风险项目数量和重大危险源，全面提升企业和区域的本质安全水平。

国内近年发生的重特大事故表明，以行业为重点预防重特大事故的管理思路已经不能适应当前安全生产的实际，如何针对重特大事故建立一套具有精准性、前瞻性、系统性和全面性的防控体系，是亟须解决的一个重大课题。徐克等[1]以安全科学相关理论为基础，结合国家法律法规政策，针对我国安全生产实际，提出以风险防控为核心的“五高”概念及风险管控体系。

早期事故控制理论以海因里希因果理论、能量理论、轨迹交叉论为代表，有效说明了事故原因与事故结果之间的逻辑关系，尤其是指出了“人的不安全行为”“物的不安全状态”在导致事故过程中的作用[2]。传统高危行业因其人员密集、物料危险、工艺复杂，较大切合了事故致因理论的模型。然而，这种传统的事故控制模型以事故为研究对象，存在先天的“滞后性”和“被动性”，其查找的原因、制定的措施并不具有普适性，更无法有效预防不同类型、行业的重特大事故，传统事故控制模型见图3-1。近几年来多起重特大事故调查，事故原因千篇一律地聚焦于“人的安全意识”“管理方式”“制度执行”等方面，没有在企业安全规律、事故本质特征、生产系统等方面进行深入探究[3]。并且现有安全生产实践过程中，重特大事故控制方法或手段大多以此为基础，包括隐患排查治理体系等。

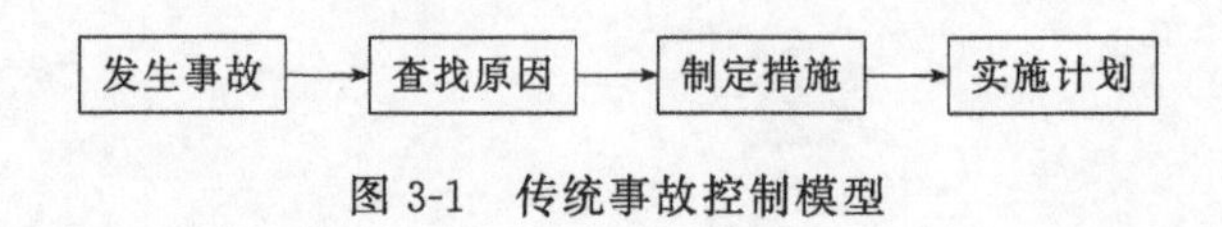

图 3-1 传统事故控制模型

墨菲定律[4] 指出，风险无处不在，并且表现出较大的隐蔽性和偶发性，在生产过程中大多并没有在短期内以“不安全行为”“不安全状态”的形式被人感知[5]。因而企业投入大量人力、物力进行筛选式的隐患排查，仍无法控制事故的发生。

近年来，国内发生的各类事故表明，安全生产事故具有从传统高危行业向一般行业转移的特点，想不到和管不到的行业、领域、环节、部位普遍存在。按照传统的区分重点与非重点行业领域的管理模式及隐患排查治理手段，已经不能满足安全生产工作的现实要求。重特大事故的预防是安全生产工作的重点，预防重特大事故的关键是辨识和管控重大安全风险。不以行业领域划分安全生产工作的重点与非重点，提出了“五高”概念及基于重特大事故预防的“五高”风险管控体系，对风险辨识、分级标准、风险预警、分级管控机制进行了研究，提出了与之相应的信息平台功能，并结合安全生产实际，论证了该体系的可行性。

因此，以安全科学相关理论为基础，结合国家法律法规政策，针对我国安全生产实际，提出以危险化学品企业安全风险防控为核心的“五高”概念及风险管控体系。

第二节 “五高”内涵

“五高”风险防控模型运用安全科学原理，构建系统的事故防控模型，“五高”风险控制模型[6] 见图 3-2。

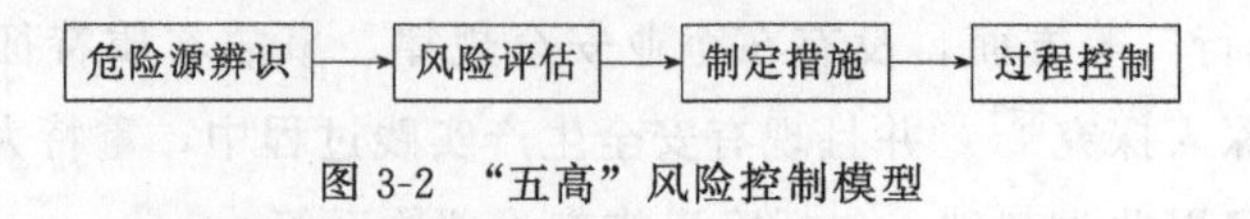

图 3-2 “五高”风险控制模型

“五高”风险主要包括高风险设备、高风险物品、高风险场所、高风险工艺、高风险作业。“五高”风险主要针对重特大事故中的致灾物，围绕承灾体（人员和财产）防护制定控制措施。

① 高风险设备指运行过程失控可能导致发生重特大事故的设备设施。

② 高风险物品指可能导致发生重特大事故的易燃易爆物品、危险化学品等物品。

③ 高风险场所指一旦发生事故可能导致发生重特大事故后果的场所，如重大危险源、劳动密集型场所。

④ 高风险工艺指工艺过程失控可能导致发生重特大事故的工艺，如危险化学品行业的重点监管的危险化工工艺。

⑤ 高风险作业指失误可能导致发生重特大事故的作业。如危险化学品企业特殊作业、特种作业、特种设备作业等[7]。

第三节　基于遏制重特大事故的“五高”风险管控思想

以防范重特大事故为前提，提出危险化学品企业“五高”风险的概念及其管控模式，为系统解决当前安全生产工作突出矛盾提供了思路和方法。结合大数据、数据融合等技术，提出了“五高”风险辨识的系统方法，降低了传统风险辨识方法的主观性和分散性问题，并实现了“五高”风险清单的动态管理。从机制、技术、方法层面构建了“五高”风险管控体系，从而实现“五高”风险的靶向管控[8]。

1. 单元划分

借鉴安全生产标准化单元划分经验，以相对独立的工艺系统作为固有风险辨识评估单元，一般以车间划分。该单元的划分原则兼顾了单元安全风险管控能力与安全生产标准化管控体系的无缝对接。

2. 风险点高危风险因子辨识

基于单元事故风险点，分析事故致因机理，评估事故风险点潜在的风险模式，严重后果，并从高风险设备、高风险物品、高风险场所、高风险工艺、高风险作业辨识高危风险因子。

风险点指单元内可能诱发重特大事故的场所或区域。

3. 风险点典型事故风险的固有危险评价

五高风险赋值，建立评估模型，评估风险点事故风险固有危险指数。

4. 单元固有危险评价

单元内若干风险点固有危险指数的危险暴露加权累计值。

5. “五高”风险管控模式

以危险化学品企业安全风险辨识清单和五高风险辨识评估模型为基础，全面辨识和评估企业安全风险，建立危险化学品企业安全风险“PDCA”闭环管控模式，构建源头辨识、分类管控、过程控制、持续改进、全员参与的安全风险管控体系。

参考文献

[1]徐克，陈先锋．基于重特大事故预防的“五高”风险管控体系[J]．武汉理工大学学报（信息与管理工程版），2017，39(6)：649-653.

[2]陈宝智，吴敏．事故致因理论与安全理念[J]．中国安全生产科学技术，2008，4(1)：42-46.

[3]周琳，傅贵，刘希扬．基于行为安全理论的化工事故统计及分析[J]．中国安全生产科学技术，2016，12(1)：148-153.

[4]傅贵，张苏，董继业．行为安全的理论实质与效果讨论[J]．中国安全科学学报，2013，23(3)：76-79.

[5]张旺勋，李群，王维平．体系安全性问题的特征、形式及本质分析[J]．中国安全科学学报，2014，24(9)：88-94.

[6]贾倩倩．事故预测方法与控制对策研究[D]．沈阳：东北大学，2011.

[7]王彪，刘见，徐厚友等．工业企业动态安全风险评估模型在某炼钢厂安全风险管控中的应用[J]．工业安全与环保，2020，46(4)：11-16.

[8]叶义成．非煤矿山重特大风险管控[A]．中国金属学会冶金安全与健康分会，2019年中国金属学会冶金安全与健康年会论文集，2019：6.

第四章 “五高”风险辨识与评估技术

第一节 危险化学品企业风险辨识与评估

一、风险辨识与评估方法

结合危险化学品重特大事故案例统计分析结果，参照法律法规及行业标准等，结合风险单元里的各风险点，根据危险部位及可能的作业或活动，辨识与研判危险化学品行业潜在的重大风险模式、事故类别、事故后果、风险等级，并提出与风险模式相对应的管控对策。

依据每个作业单元可能存在的危害，判定危害产生的后果及可能性，二者相乘，得出所确定危害的风险。风险的数学表达式为：

$$R_v = LS \tag{4-1}$$

式中 R_v——风险值；

L——发生伤害的可能性；

S——发生伤害后果的严重程度。

从偏差发生频率、安全检查、操作规程、员工胜任程度、控制措施五个方面对危害事件发生的可能性（L）进行评估取值，取五项得分的最高分值作为其最终的 L 值，见表 4-1。

表 4-1 发生伤害的可能性判定表

等级	赋值	偏差发生频率	安全检查	操作规程	员工胜任程度	控制措施（监控、联锁、报警、应急措施）
极有可能	5	可能反复出现的事件	无检查（作业）标准或不按标准检查（作业）	无操作规程或从不执行操作规程	不胜任	无任何监控措施或有措施从未投用；无应急措施
有可能	4	可能屡次发生的事件	检查（作业）标准不全或很少按标准检查（作业）	操作规程不全或很少执行操作规程	平均工作1年或多数为中学以下文化水平	有监控措施但不能满足控制要求，措施部分投用或有时投用；有应急措施但不完善或没演练

续表

等级	赋值	偏差发生频率	安全检查	操作规程	员工胜任程度	控制措施(监控、联锁、报警、应急措施)
少见	3	可能偶然发生的事件	发生变更后检查(作业)标准未及时修订或多数时候不按标准检查(作业)	发生变更后未及时修订操作规程或多数操作不执行操作规程	平均工作1~3年或多数为高中(职高)文化水平	监控措施能满足控制要求,但经常被停用或发生变更后不能及时恢复;有应急措施但未根据变更及时修订或作业人员不清楚
不大可能	2	不太可能发生的事件	标准完善但偶尔不按标准检查(作业)	操作规程齐全但偶尔不执行	平均工作4~5年或多数为大专文化水平	监控措施能满足控制要求,但供电、联锁偶尔失电或误动作;有应急措施但每年只演练一次
几乎不可能	1	几乎不可能发生的事件	标准完善、按标准进行检查(作业)	操作规程齐全,严格执行并有记录	平均工作超过5年或大多为本科及以上文化水平	监控措施能满足控制要求,供电、联锁从未失电或误动作;有应急措施,每年至少演练二次

从人员伤害情况、财产损失、环境破坏和声誉影响方面对后果的严重程度(S)进行评估取值,取五项得分最高的分值作为其最终的S值,见表4-2。

表4-2 发生伤害的后果严重性判定表

等级	赋值	人员伤害情况	财产损失	环境破坏	声誉影响
可忽略的	1	一般无损伤	一次事故直接经济损失在5000元以下	基本无影响	本岗位或作业点
轻度的	2	1~2人轻伤	一次事故直接经济损失5000元及以上,1万元以下	设备、设施周围受影响	没有造成公众影响
中度的	3	1~2人重伤,3~6人轻伤	一次事故直接经济损失1万元及以上,10万元以下	作业点范围内受影响	引起省级媒体报道,一定范围内造成公众影响
严重的	4	1~2人死亡,3~6人重伤或严重职业病	一次事故直接经济损失10万元及以上,100万元以下	造成作业区域内环境破坏	引起国家主流媒体报道
灾难性的	5	3人及以上死亡,7人及以上重伤	一次事故直接经济损失100万元及以上	造成周边环境破坏	引起国际主流媒体报道

确定了 S 和 L 值后，根据式(4-1) 计算风险度 R_v 的值，由风险矩阵表判定风险值，见表 4-3。

表 4-3 风险等级判定表

可能性 L \ 后果 S		1	2	3	4	5
		可忽略的	轻度的	中度的	严重的	灾难性的
5	极有可能	5	10	15	20	25
4	有可能	4	8	12	16	20
3	少见	3	6	9	12	15
2	不大可能	2	4	6	8	10
1	几乎不可能	1	2	3	4	5

根据 R_v 的值的大小将风险级别分为以下四级：

(1) R_v=15～25，A 级，重大风险；

(2) R_v=8～12，B 级，较大风险；

(3) R_v=4～6，C 级，一般风险；

(4) R_v=1～3，D 级，低风险。

二、风险辨识与评估程序

研究以系统重点防控风险点为评估主线，划分评估单元，提出一种系统的通用风险清单辨识与评估方法，也即通过隐患违章违规电子证据库体系（包括危险部位查找，风险模式辨识，事故类别、后果，风险等级、管控措施、隐患排查内容，违章违规判别方式、监测监控方式、监测监控部位等）进行风险辨识与评估。

(1) 统计分析　通过现场调研、事故案例收集、文献查阅等统计调查手段整理事故发生的时间、经过，事故发生的直接原因、间接原因，事故类别，事故后果，事故等级等方面基础资料，进行初步的分析，再运用国家标准与行业规范，提出风险管控措施、建议。

(2) 风险模式分析　对风险的前兆、后果与各种起因进行评价与判断，找出主要原因并进行仔细检查、分析。

(3) 风险评价　采用风险矩阵法，辨识出每一项风险模式可能存在的危害，并判定这种危害可能产生的后果的严重程度及产生这种后果的可能性，二者相乘，确定风险等级。

（4）风险分级与管控措施　依据评估结果，由风险大小依次分 A 级、B 级、C 级、D 级四类，以表征风险高低。在风险辨识和风险评估的基础上，预先采取措施消除或控制风险。

（5）隐患电子违章信息采集　安装在线监测监控系统获取动态隐患及违章信息。根据隐患排查内容，对可能出现的电子违章违规行为、状态、缺陷等，提出判别方式，实施在线监测监控手段，再结合企业潜在的事故隐患自查自报方式，获取违章违规电子证据库。

该风险分级管控与隐患违章违规电子证据库体系是以风险预控为核心，以隐患排查为基础，以违章违规电子证据为重点，以“PDCA”循环管理为运行模式，依靠科学的考核评价机制推动其有效运行，策划风险防控措施，实施跟踪验证，持续更新防控流程。目的是要实现事故的双重预防性工作机制，是基于风险的过程安全管理理念的具体实践，是实现事故预控的有效手段。前者需要在政府引导下由企业落实主体责任，后者需要在企业落实主体责任的基础上督导、监管和执法。二者是上下承接关系，前者是源头，是预防事故的第一道防线，后者是预防事故的末端治理。

单元风险分级评估与隐患违章电子库流程见图 4-1。

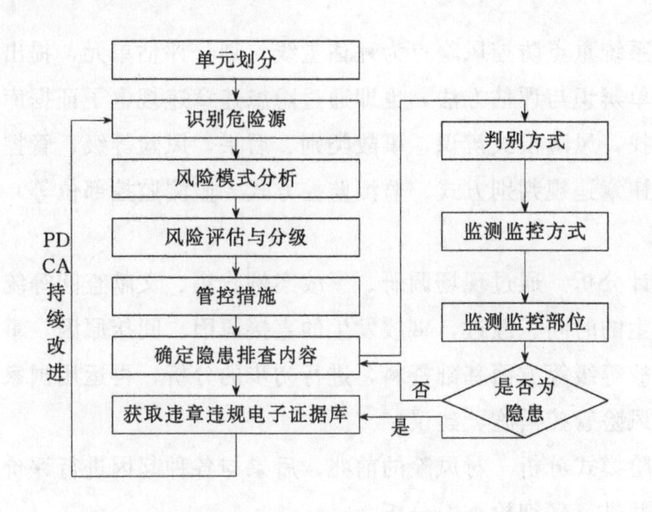

图 4-1　单元风险分级评估与隐患违章电子库流程

三、评估单元确定的原则

划分评估单元是为实现评估目标和评估方法而服务的。为便于评估工作的有序进行，提高评估工作的操作性，危险化学品企业按照相对独立的工艺装置、储罐区、仓库等划分风险单元。

四、评估单元的划分结果

风险评估单元以相对独立的工艺系统作为固有风险辨识评估单元，一般以车间划分。风险点是在单元区域内，以可能诱发的本单元重特大事故的点作为风险点。

危险化学品企业风险评估单元包括《国家安全监管总局关于公布首批重点监管的危险化工工艺目录的通知》（安监总管三［2009］116号）中列出的15种危险化工工艺、《国家安全监管总局关于公布第二批重点监管的危险化工工艺目录和调整首批重点监管危险化工工艺中部分典型工艺的通知》（安监总管三［2013］3号）中列出的3种危险化工工艺以及危险化学品储罐区和仓库共20个风险评估单元。危险化学品企业安全风险评估单元划分情况见表4-4。

表4-4 安全风险评估单元划分

序号	风险单元	备 注
1	光气与光气化工艺	光气及光气化工艺包含光气的制备工艺，以及以光气为原料制备光气化产品的工艺路线，光气化工艺主要分为气相和液相两种。 将“异氰酸酯的制备”列入“光气与光气化工艺”的典型工艺中
2	氯碱工艺	电流通过电解质溶液或熔融电解质时，在两个极上所引起的化学变化称为电解反应。涉及电解反应的工艺过程为电解工艺。许多基本化学工业产品（氢、氧、氯、烧碱、过氧化氢等）的制备，都是通过电解来实现的
3	氯化工艺	氯化是化合物的分子中引入氯原子的反应，包含氯化反应的工艺过程为氯化工艺，主要包括取代氯化、加成氯化、氧氯化等。 将“次氯酸、次氯酸钠或*N*-氯代丁二酰亚胺与胺反应制备*N*-氯化物”“氯化亚砜作为氯化剂制备氯化物”列入“氯化工艺”的典型工艺中
4	硝化工艺	硝化是有机化合物分子中引入硝基（—NO_2）的反应，最常见的是取代反应。硝化方法可分成直接硝化法、间接硝化法和亚硝化法，分别用于生产硝基化合物、硝胺、硝酸酯和亚硝基化合物等。涉及硝化反应的工艺过程为硝化工艺。 将“硝酸胍、硝基胍的制备”“浓硝酸、亚硝酸钠和甲醇制备亚硝酸甲酯”列入“硝化工艺”的典型工艺中

续表

序号	风险单元	备注
5	合成氨工艺	氮和氢两种组分按一定比例(1∶3)组成的气体(合成气),在高温、高压下(一般为400～450℃,15～30MPa)经催化反应生成氨的工艺过程
6	裂解(裂化)工艺	裂解是指石油系的烃类原料在高温条件下,发生碳链断裂或脱氢反应,生成烯烃及其他产物的过程。产品以乙烯、丙烯为主,同时副产丁烯、丁二烯等烯烃和裂解汽油、柴油、燃料油等产品。 烃类原料在裂解炉内进行高温裂解,产出组成为氢气、低/高碳烃类、芳烃类以及馏分为288℃以上的裂解燃料油的裂解气混合物。经过急冷、压缩、激冷、分馏以及干燥和加氢等方法,分离出目标产品和副产品。 在裂解过程中,同时伴随缩合、环化和脱氢等反应。由于所发生的反应很复杂,通常把反应分成两个阶段。第一阶段,原料变成的目的产物为乙烯、丙烯,这种反应称为一次反应。第二阶段,一次反应生成的乙烯、丙烯继续反应转化为炔烃、二烯烃、芳烃、环烷烃,甚至最终转化为氢气和焦炭,这种反应称为二次反应。裂解产物往往是多种组分混合物。影响裂解的基本因素主要为温度和反应的持续时间。化工生产中用热裂解的方法生产小分子烯烃、炔烃和芳香烃,如乙烯、丙烯、丁二烯、乙炔、苯和甲苯等
7	氟化工艺	氟化是化合物的分子中引入氟的反应,涉及氟化反应的工艺过程为氟化工艺。氟与有机化合物作用是强放热反应,放出大量的热可使反应物分子结构遭到破坏,甚至着火爆炸。氟化剂通常为氟气、卤族氟化物、惰性元素氟化物、高价金属氟化物、氟化氢、氟化钾等。 将“三氟化硼的制备”列入“氟化工艺”的典型工艺中
8	加氢工艺	加氢是在有机化合物分子中加入氢原子的反应,涉及加氢反应的工艺过程为加氢工艺,主要包括不饱和键加氢、芳环化合物加氢、含氮化合物加氢、含氧化合物加氢、氢解等
9	重氮化工艺	一级胺与亚硝酸在低温下作用,生成重氮盐的反应。脂肪族、芳香族和杂环的一级胺都可以进行重氮化反应。涉及重氮化反应的工艺过程为重氮化工艺。通常重氮化试剂是由亚硝酸钠和盐酸作用临时制备的。除盐酸外,也可以使用硫酸、高氯酸和氟硼酸等无机酸。脂肪族重氮盐很不稳定,即使在低温下也能迅速自发分解,芳香族重氮盐较为稳定
10	氧化工艺	氧化为有电子转移的化学反应中失电子的过程,即氧化数升高的过程。多数有机化合物的氧化反应表现为反应原料得到氧或失去氢。涉及氧化反应的工艺过程为氧化工艺。常用的氧化剂有:空气、氧气、双氧水、氯酸钾、高锰酸钾、硝酸盐等。 将“克劳斯法气体脱硫”“一氧化氮、氧气和甲(乙)醇制备亚硝酸甲(乙)酯”“以双氧水或有机过氧化物为氧化剂生产环氧丙烷、环氧氯丙烷”列入“氧化工艺”的典型工艺中
11	过氧化工艺	向有机化合物分子中引入过氧基(—O—O—)的反应称为过氧化反应,得到的产物为过氧化物的工艺过程为过氧化工艺。 将“叔丁醇与双氧水制备叔丁基过氧化氢”列入“过氧化工艺”的典型工艺中

续表

序号	风险单元	备 注
12	氨基化工艺	胺化是在分子中引入氨基($R_2N—$)的反应,包括 $R—CH_3$ 烃类化合物(R:氢、烷基、芳基)在催化剂存在下,与氨和空气的混合物进行高温氧化反应,生成腈类等化合物的反应。涉及上述反应的工艺过程为氨基化工艺。 将“氯氨法生产甲基肼”列入“氨基化工艺”的典型工艺中
13	磺化工艺	磺化是向有机化合物分子中引入磺酰基($—SO_3H$)的反应。磺化方法分为三氧化硫磺化法、共沸去水磺化法、氯磺酸磺化法、烘焙磺化法和亚硫酸盐磺化法等。涉及磺化反应的工艺过程为磺化工艺。磺化反应除了增加产物的水溶性和酸性外,还可以使产品具有表面活性。芳烃经磺化后,其中的磺酸基可进一步被其他基团[如羟基(—OH)、氨基($—NH_2$)、氰基(—CN)等]取代,生产多种衍生物
14	聚合工艺	聚合是一种或几种小分子化合物变成大分子化合物(也称高分子化合物或聚合物,通常分子量为 $1\times10^4\sim1\times10^7$)的反应,涉及聚合反应的工艺过程为聚合工艺。聚合工艺的种类很多,按聚合方法可分为本体聚合、悬浮聚合、乳液聚合、溶液聚合等。 涉及涂料、黏合剂等产品的常压条件生产工艺不再列入“聚合工艺”
15	烷基化工艺	把烷基引入有机化合物分子中的碳、氮、氧等原子上的反应称为烷基化反应。涉及烷基化反应的工艺过程为烷基化工艺,可分为 C-烷基化反应、N-烷基化反应、O-烷基化反应等
16	新型煤化工工艺	以煤为原料,经化学加工使煤直接或者间接转化为气体、液体和固体燃料、化工原料或化学品的工艺过程。主要包括煤制油(甲醇制汽油、费-托合成油)、煤制烯烃(甲醇制烯烃)、煤制二甲醚、煤制乙二醇(合成气制乙二醇)、煤制甲烷气(煤气甲烷化)、煤制甲醇、甲醇制醋酸等工艺
17	电石生产工艺	电石生产工艺是以石灰和炭素材料(焦炭、石油焦、冶金焦、白煤等)为原料,在电石炉内依靠电弧热和电阻热在高温进行反应,生成电石的工艺过程。电石炉形式主要分为两种:内燃型和全密闭型
18	偶氮化工艺	合成通式为 R—N═N—R 的偶氮化合物的反应为偶氮化反应,式中 R 为脂烃基或芳烃基,两个 R 基可相同或不同。涉及偶氮化反应的工艺过程为偶氮化工艺。脂肪族偶氮化合物由相应的肼经过氧化或脱氢反应制取。芳香族偶氮化合物一般由重氮化合物的偶联反应制备
19	储罐区	危险化学品储存
20	仓库	危险化学品储存

五、风险辨识与评估清单

结合典型危险化学品企业风险辨识和事故案例分析结果，参照法律法规及行业标准等，结合所划分单元，重点关注危险部位及关键作业岗位，参照《企业职工伤亡事故分类》（GB 6441—1986）识别事故后果类别，分析事故后果严重程度，并提出与风险模式相对应的管控对策。此外，按照隐患排查内容、要求查找隐患，并对可能出现的电子违章违规行为、状态、缺陷等，利用在线监测监控系统摄取违章证据，最终形成安全风险与隐患违章信息表。综合考虑可能出现的事故类型与事故后果，运用风险矩阵对每一项进行评估，确定风险等级。与风险辨识信息表制作的关键术语的释义：

危险部位：各评估单元具有潜在能量和物质释放危险的、可造成人员伤害、在一定的触发因素作用下发生事故的部位。

风险模式：即风险的表现形式，风险的出现方式或风险对操作的影响。

事故类别：参照《企业职工伤亡事故分类标准》（GB 6441—1986）事故类别与定义。

事故后果：某种事件对目标影响的结果。事件导致的最严重的潜在后果，以人员伤害程度、财产损失、系统或设备设施破坏、社会影响力加以度量。

风险等级：单一风险或组合风险的大小，以后果和可能性的组合来表达。

风险管控措施：与参考依据一一对应，主要依据国家标准和行业规范，针对每一项风险模式从标准或规范中找出对应的管控措施列出来。

隐患违规电子证据：按照隐患排查内容、要求查找隐患，并对可能出现的电子违章违规行为、状态、缺陷等，利用在线监测监控系统摄取违章证据，为远程执法提供证据。

判别方式：根据排查的内容，判别是否出现违章违规行为、状态、管理缺陷等。

监测监控方式：捕获隐患的信息化手段，主要有在线监测、监控、无人机摄取、日常隐患或分析资料的上传等。

监测监控部位：在重点部位或事故易发部位安装监测监控设备进行实时在线展示的现状部位。

构建危险化学品企业通用风险辨识清单，形成通用安全风险与隐患违规电子证据信息。危险化学品企业通用风险辨识清单样表见表4-5。

表 4-5 危险化学品企业光气与光气化工艺安全风险与隐患违规电子证据信息表

部位	安全风险评估与管控							隐患违规电子证据			
	作业或活动	风险模式	事故类别	事故后果	风险等级	风险管控措施	参考依据	隐患检查内容	判别方式	监测监控方式	监测监控部位
光气合成反应器	生产过程	周边未设置可燃气体和有毒气体报警器或设置不满足要求，光气、一氧化碳泄漏未能及时发现	火灾爆炸、中毒	人员伤亡、财产损失	A级	在使用或产生甲类气体或甲、$乙_A$类液体的工艺装置、系统单元内，应按区域控制和重点控制相结合的原则，设置可燃气体报警系统。 可燃气体和有毒气体检测报警器的设置与报警值的设置应满足GB/T 50493要求，并独立于基本过程控制系统。 光气及光气化产品生产装置区域必须设置光气、氯气、一氧化碳监测及超限报警仪表，还应设置事故状态下能自启动紧急停车和应急破坏处理的自控仪表系统	《石油化工企业设计防火标准(2018年版)》(GB 50160—2008) 《光气及光气化产品生产安全规程》(GB 19041—2003)	检查可燃气体和有毒气体检测报警器的设置	是否设置	参数监控	光气合成反应器
	生产过程	设备未采取静电接地，一氧化碳泄漏遇静电火花	火灾爆炸	人员伤亡、财产损失	A级	对爆炸、火灾危险场所内可能产生静电危险的设备和管道，均应采取静电接地措施	《石油化工企业设计防火标准(2018年版)》(GB 50160—2008)	设备管道是否采取静电接地措施	是否设置	视频监控	光气化反应器
	生产过程	未设置自动化控制系统，未设置相关安全控制及联锁，设备超温、超压	火灾爆炸、中毒	人员伤亡、财产损失	A级	企业涉及重点监管的危险化工工艺装置，应装设自动化控制系统；涉及危险化工工艺的大型化工装置应装设紧急停车系统，并应正常投入使用。 危险化工工艺的安全控制应按照重点监管的危险化工工艺安全控制要求、重点监控参数及推荐的控制方案的要求，并结合HAZOP分析结果进行设置	《危险化学品企业安全风险隐患排查治理导则》(应急［2019］78号)	是否装设自动化控制系统、紧急停车系统	是否设置	参数监控	

续表

部位	安全风险评估与管控							隐患违规电子证据			
	作业或活动	风险模式	事故类别	事故后果	风险等级	风险管控措施	参考依据	隐患检查内容	判别方式	监测监控方式	监测监控部位
光气合成反应器	生产过程	泄爆泄压过程伤人	其他	人员伤害	B级	泄爆泄压装置、设施的出口应朝向人员不易到达的位置	《危险化学品企业安全风险隐患排查治理导则》(应急［2019］78号)	出口朝向		视频监控	光气化反应器
	生产过程	未设置安全泄放装置或设置不合理，设备超压	火灾爆炸	人员伤亡、财产损失	A级	在非正常条件下，可能超压的下列设备应设安全阀： 1. 顶部最高操作压力大于等于0.1MPa的压力容器； 2. 可燃气体或液体受热膨胀，可能超过设计压力的设备； 3. 顶部最高操作压力为0.03～0.1MPa的设备应根据工艺要求设置。 有可能被物料堵塞或腐蚀的安全阀，在安全阀前应设爆破片或在其出入口管道上采取吹扫、加热或保温等防堵措施。 有突然超压或发生瞬时分解爆炸危险物料的反应设备，如设安全阀不能满足要求时，应装爆破片或爆破片和导爆管，导爆管口必须朝向无火源的安全方向；必要时应采取防止二次爆炸、火灾的措施。 在用安全阀进出口切断阀应全开，并采取铅封或锁定；爆破片应正常投用	《石油化工企业设计防火标准(2018年版)》(GB 50160—2008) 《安全阀安全技术监察规程》(TSG ZF001—2006)	是否设置安全泄放装置，装置设置是否符合要求	是否设置	视频监控	

续表

部位	安全风险评估与管控							隐患违规电子证据			
	作业或活动	风险模式	事故类别	事故后果	风险等级	风险管控措施	参考依据	隐患检查内容	判别方式	监测监控方式	监测监控部位
光气合成反应器	生产过程	压力表选择不当，显示异常，设备超压	火灾爆炸	人员伤亡、财产损失	A级	压力表的选型应符合TSG 21第9.2.1条相关要求，压力范围及检定标记明显	《固定式压力容器安全技术监察规程》（TSG 21—2016）	是否有压力范围及检定标记		视频监控	光气化反应器
	生产过程	可燃、有毒气体泄漏	火灾爆炸、中毒	人员伤亡、财产损失	A级	企业应对设备定期进行巡回检查，并建立设备定期检查记录。 企业应加强防腐蚀管理，确定检查部位，定期检测，定期评估防腐效果	《国家安全监管总局关于加强化工企业泄漏管理的指导意见》（安监总管三［2014］94号）	是否进行泄漏检测	是否检测	视频监控、检查记录	
	生产过程	人员操作失误	火灾爆炸	人员伤亡、财产损失	A级	企业应根据生产特点编制工艺卡片，工艺卡片应与操作规程中的工艺控制指标一致。 企业应定期对岗位人员开展操作规程培训和考核。 现场表指示数值、DCS控制值与工艺卡片控制值应保持一致	《关于加强化工过程安全管理的指导意见》（安监总管三［2013］88号）	是否编制工艺卡片、开展操作规程培训和考核		视频监控、检查记录	
	生产过程	未配置安全仪表系统或未开展安全仪表功能评估，设备控制失效	火灾爆炸	人员伤亡、财产损失	A级	对涉及“两重点一重大”的需要配置安全仪表系统的化工装置应开展安全仪表功能评估	《国家安全监管总局关于加强化工安全仪表系统管理的指导意见》（安监总管三［2014］116号）	是否开展安全仪表功能评估		检查记录	
	生产过程	未设置不间断电源，突然断电导致设备超温、超压	火灾爆炸	人员伤亡、财产损失	A级	化工生产装置自动化控制系统应设置不间断电源，可燃有毒气体检测报警系统应设置不间断电源，后备电池的供电时间不小于30min	《仪表供电设计规范》（HG/T 20509—2014）	是否设置不间断电源		视频监控	

续表

部位	安全风险评估与管控							隐患违规电子证据			
	作业或活动	风险模式	事故类别	事故后果	风险等级	风险管控措施	参考依据	隐患检查内容	判别方式	监测监控方式	监测监控部位
光气合成反应器	生产过程	防爆等级不够，易燃物料泄漏	火灾爆炸	人员伤亡、财产损失	B级	爆炸危险场所的仪表、仪表线路的防爆等级应满足区域的防爆要求	《爆炸危险环境电力装置设计规范》（GB 50058—2014）	防爆等级是否符合要求		检查记录	光气化反应器
	检修过程	进入塔器检维修，未进行有限空间相关审批	中毒窒息	人员伤亡	B级	企业应建立并不断完善危险作业许可制度，规范动火、进入受限空间、动土、临时用电、高处作业、断路、吊装、抽堵盲板等特殊作业的安全条件和审批程序。 实施特殊作业前，必须进行安全风险分析、确认安全条件，确保作业人员了解作业安全风险和掌握风险控制措施	《关于加强化工过程安全管理的指导意见》（安监总管三［2013］88号）	是否进行作业审批		检查记录	
	检修过程	检修平台防护缺失或不当，人员失误	高处坠落	人员伤亡	C级	固定式钢平台、钢直梯、钢斜梯及防护栏杆按相关要求设置	《固定式钢梯及平台安全要求》（GB 4053.1～4053.3—2009）	是否设置防护措施		视频监控	
光气化反应器	生产过程	周边未设置可燃气体和有毒气体报警器或设置不满足要求，光气泄漏未能及时发现	火灾爆炸、中毒	人员伤亡、财产损失	A级	在使用或产生甲类气体或甲、$乙_A$类液体的工艺装置、系统单元内，应按区域控制和重点控制相结合的原则，设置可燃气体报警系统。 可燃气体和有毒气体检测报警器的设置与报警值的设置应满足GB/T 50493要求，并独立于基本过程控制系统。 光气及光气化产品生产装置区域必须设置光气、氯气、一氧化碳监测及超限报警仪表，还应设置事故状态下能自启动紧急停车和应急破坏处理的自控仪表系统	《石油化工企业设计防火标准（2018年版）》（GB 50160—2008） 《光气及光气化产品生产安全规程》（GB 19041—2003）	检查可燃气体和有毒气体检测报警器的设置	是否设置	参数监控	光气化反应器

续表

部位	安全风险评估与管控							隐患违规电子证据			
	作业或活动	风险模式	事故类别	事故后果	风险等级	风险管控措施	参考依据	隐患检查内容	判别方式	监测监控方式	监测监控部位
光气化反应器	生产过程	设备未采取静电接地，一氧化碳泄漏遇静电火花	火灾爆炸	人员伤亡、财产损失	A级	对爆炸、火灾危险场所内可能产生静电危险的设备和管道，均应采取静电接地措施	《石油化工企业设计防火标准（2018年版）》（GB 50160—2008）	设备管道是否采取静电接地措施	是否设置	视频监控	光气化反应器
	生产过程	未设置自动化控制系统，未设置相关安全控制及联锁，设备超温、超压	火灾爆炸	人员伤亡、财产损失	A级	企业涉及重点监管的危险化工工艺装置，应装设自动化控制系统；涉及危险化工工艺的大型化工装置应装设紧急停车系统，并应正常投入使用。 危险化工工艺的安全控制应按照重点监管的危险化工工艺安全控制要求、重点监控参数及推荐的控制方案的要求，并结合 HAZOP 分析结果进行设置	《危险化学品企业安全风险隐患排查治理导则》（应急［2019］78号）	是否装设自动化控制系统、紧急停车系统	是否设置	参数监控	
	生产过程	泄爆泄压过程伤人	其他	人员伤害	B级	泄爆泄压装置、设施的出口应朝向人员不易到达的位置	《危险化学品企业安全风险隐患排查治理导则》（应急［2019］78号）	出口朝向		视频监控	
	生产过程	未设置安全泄放装置或设置不合理，设备超压	火灾爆炸	人员伤亡、财产损失	A级	在非正常条件下，可能超压的下列设备应设安全阀： 1. 顶部最高操作压力大于等于0.1MPa的压力容器； 2. 可燃气体或液体受热膨胀，可能超过设计压力的设备； 3. 顶部最高操作压力为0.03～0.1MPa的设备应根据工艺要求设置。	《石油化工企业设计防火标准（2018年版）》（GB 50160—2008） 《安全阀安全技术监察规程》（TSG ZF001—2006）	是否设置安全泄放装置，装置设置是否符合要求	是否设置	视频监控	

续表

部位	安全风险评估与管控							隐患违规电子证据			
	作业或活动	风险模式	事故类别	事故后果	风险等级	风险管控措施	参考依据	隐患检查内容	判别方式	监测监控方式	监测监控部位
光气化反应器						有可能被物料堵塞或腐蚀的安全阀，在安全阀前应设爆破片或在其出入口管道上采取吹扫、加热或保温等防堵措施。 有突然超压或发生瞬时分解爆炸危险物料的反应设备，如设安全阀不能满足要求时，应装爆破片或爆破片和导爆管，导爆管口必须朝向无火源的安全方向；必要时应采取防止二次爆炸、火灾的措施。 在用安全阀进出口切断阀应全开，并采取铅封或锁定；爆破片应正常投用					光气化反应器
	生产过程	压力表选择不当，显示异常，设备超压	火灾爆炸	人员伤亡、财产损失	A级	压力表的选型应符合TSG 21第9.2.1条相关要求，压力范围及检定标记明显	《固定式压力容器安全技术监察规程》（TSG 21—2016）	是否有压力范围及检定标记		视频监控	
	生产过程	可燃、有毒气体泄漏	火灾爆炸、中毒	人员伤亡、财产损失	A级	企业应对设备定期进行巡回检查，并建立设备定期检查记录。 企业应加强防腐蚀管理，确定检查部位，定期检测，定期评估防腐效果	《国家安全监管总局关于加强化工企业泄漏管理的指导意见》（安监总管三［2014］94号）	是否进行泄漏检测	是否检测	视频监控、检查记录	

续表

部位	安全风险评估与管控							隐患违规电子证据			
	作业或活动	风险模式	事故类别	事故后果	风险等级	风险管控措施	参考依据	隐患检查内容	判别方式	监测监控方式	监测监控部位
光气化反应器	生产过程	人员操作失误	火灾爆炸	人员伤亡、财产损失	A级	企业应根据生产特点编制工艺卡片，工艺卡片应与操作规程中的工艺控制指标一致。 企业应定期对岗位人员开展操作规程培训和考核。 现场表指示数值、DCS控制值与工艺卡片控制值应保持一致	《关于加强化工过程安全管理的指导意见》（安监总管三[2013]88号）	是否编制工艺卡片、开展操作规程培训和考核		视频监控、检查记录	光气化反应器
	生产过程	未配置安全仪表系统或未开展安全仪表功能评估，设备控制失效	火灾爆炸	人员伤亡、财产损失	A级	对涉及“两重点一重大”的需要配置安全仪表系统的化工装置应开展安全仪表功能评估	《国家安全监管总局关于加强化工安全仪表系统管理的指导意见》（安监总管三[2014]116号）	是否开展安全仪表功能评估		检查记录	
	生产过程	未设置不间断电源，突然断电导致设备超温、超压	火灾爆炸	人员伤亡、财产损失	A级	化工生产装置自动化控制系统应设置不间断电源，可燃有毒气体检测报警系统应设置不间断电源，后备电池的供电时间不小于30min	《仪表供电设计规范》（HG/T 20509—2014）	是否设置不间断电源		视频监控	
	生产过程	防爆等级不够，易燃物料泄漏	火灾爆炸	人员伤亡、财产损失	A级	爆炸危险场所的仪表、仪表线路的防爆等级应满足区域的防爆要求	《爆炸危险环境电力装置设计规范》（GB 50058—2014）	防爆等级是否符合要求		检查记录	

续表

部位	安全风险评估与管控							隐患违规电子证据			
	作业或活动	风险模式	事故类别	事故后果	风险等级	风险管控措施	参考依据	隐患检查内容	判别方式	监测监控方式	监测监控部位
光气化反应器	检修过程	进入塔器检维修，未进行有限空间相关审批	中毒窒息	人员伤亡	B级	企业应建立并不断完善危险作业许可制度，规范动火、进入受限空间、动土、临时用电、高处作业、断路、吊装、抽堵盲板等特殊作业的安全条件和审批程序。 实施特殊作业前，必须进行安全风险分析、确认安全条件，确保作业人员了解作业安全风险和掌握风险控制措施	《关于加强化工过程安全管理的指导意见》（安监总管三[2013]88号）	是否进行作业审批		检查记录	光气化反应器
	检修过程	检修平台防护缺失或不当，人员失误	高处坠落	人员伤亡	C级	固定式钢平台、钢直梯、钢斜梯及防护栏杆未按相关要求设置	《固定式钢梯及平台安全要求》（GB 4053.1～4053.3—2009）	是否设置防护措施		视频监控	
一氧化碳发生炉	生产过程	周边未设置可燃气体和有毒气体报警器或设置不满足要求，一氧化碳泄漏未能及时发现	火灾爆炸、中毒	人员伤亡、财产损失	A级	在使用或产生甲类气体或甲、$乙_A$类液体的工艺装置、系统单元内，应按区域控制和重点控制相结合的原则，设置可燃气体报警系统。 可燃气体和有毒气体检测报警器的设置与报警值的设置应满足GB/T 50493要求，并独立于基本过程控制系统。 光气及光气化产品生产装置区域必须设置光气、氯气、一氧化碳监测及超限报警仪表，还应设置事故状态下能自启动紧急停车和应急破坏处理的自控仪表系统	《石油化工企业设计防火标准（2018年版）》（GB 50160—2008） 《光气及光气化产品生产安全规程》（GB 19041—2003）	检查可燃气体和有毒气体检测报警器的设置	是否设置	参数监控	光气化反应器

续表

部位	安全风险评估与管控							隐患违规电子证据			
	作业或活动	风险模式	事故类别	事故后果	风险等级	风险管控措施	参考依据	隐患检查内容	判别方式	监测监控方式	监测监控部位
一氧化碳发生炉	生产过程	设备未采取静电接地，一氧化碳泄漏遇静电火花	火灾爆炸	人员伤亡、财产损失	A级	对爆炸、火灾危险场所内可能产生静电危险的设备和管道，均应采取静电接地措施	《石油化工企业设计防火标准(2018年版)》(GB 50160—2008)	设备管道是否采取静电接地措施	是否设置	视频监控	光气化反应器
	生产过程	未设置自动化控制系统，未设置相关安全控制及联锁，设备超温、超压	火灾爆炸	人员伤亡、财产损失	A级	企业涉及重点监管的危险化工工艺装置，应装设自动化控制系统；涉及危险化工工艺的大型化工装置应装设紧急停车系统，并应正常投入使用。 危险化工工艺的安全控制应按照重点监管的危险化工工艺安全控制要求、重点监控参数及推荐的控制方案的要求，并结合HAZOP分析结果进行设置	《危险化学品企业安全风险隐患排查治理导则》(应急［2019］78号)	是否装设自动化控制系统、紧急停车系统	是否设置	参数监控	
	生产过程	泄爆泄压过程伤人	其他	人员伤害	B级	泄爆泄压装置、设施的出口应朝向人员不易到达的位置	《危险化学品企业安全风险隐患排查治理导则》(应急［2019］78号)	出口朝向		视频监控	
	生产过程	未设置安全泄放装置或设置不合理，设备超压	火灾爆炸	人员伤亡、财产损失	A级	在非正常条件下，可能超压的下列设备应设安全阀： 1. 顶部最高操作压力大于等于0.1MPa的压力容器； 2. 可燃气体或液体受热膨胀，可能超过设计压力的设备； 3. 顶部最高操作压力为0.03～0.1MPa的设备应根据工艺要求设置。	《石油化工企业设计防火标准(2018年版)》(GB 50160—2008) 《安全阀安全技术监察规程》(TSG ZF001—2006)	是否设置安全泄放装置，装置设置是否符合要求	是否设置	视频监控	

续表

部位	安全风险评估与管控							隐患违规电子证据			
	作业或活动	风险模式	事故类别	事故后果	风险等级	风险管控措施	参考依据	隐患检查内容	判别方式	监测监控方式	监测监控部位
一氧化碳发生炉						有可能被物料堵塞或腐蚀的安全阀，在安全阀前应设爆破片或在其出入口管道上采取吹扫、加热或保温等防堵措施。 有突然超压或发生瞬时分解爆炸危险物料的反应设备，如设安全阀不能满足要求时，应装爆破片或爆破片和导爆管，导爆管口必须朝向无火源的安全方向；必要时应采取防止二次爆炸、火灾的措施。 在用安全阀进出口切断阀应全开，并采取铅封或锁定；爆破片应正常投用					光气化反应器
	生产过程	压力表选择不当，显示异常，设备超压	火灾爆炸	人员伤亡、财产损失	A级	压力表的选型应符合 TSG 21 第 9.2.1 条相关要求，压力范围及检定标记明显	《固定式压力容器安全技术监察规程》（TSG 21—2016）	是否有压力范围及检定标记		视频监控	
	生产过程	一氧化碳气体泄漏	火灾爆炸、中毒	人员伤亡、财产损失	A级	企业应对设备定期进行巡回检查，并建立设备定期检查记录。 企业应加强防腐蚀管理，确定检查部位，定期检测，定期评估防腐效果	《国家安全监管总局关于加强化工企业泄漏管理的指导意见》（安监总管三[2014]94 号）	是否进行泄漏检测	是否检测	视频监控、检查记录	
	生产过程	人员操作失误	火灾爆炸	人员伤亡、财产损失	A级	企业应根据生产特点编制工艺卡片，工艺卡片应与操作规程中的工艺控制指标一致。 企业应定期对岗位人员开展操作规程培训和考核。 现场表指示数值、DCS 控制值与工艺卡片控制值应保持一致	《关于加强化工过程安全管理的指导意见》（安监总管三［2013］88 号）	是否编制工艺卡片、开展操作规程培训和考核		视频监控、检查记录	

续表

部位	安全风险评估与管控							隐患违规电子证据			
	作业或活动	风险模式	事故类别	事故后果	风险等级	风险管控措施	参考依据	隐患检查内容	判别方式	监测监控方式	监测监控部位
一氧化碳发生炉	生产过程	未配置安全仪表系统或未开展安全仪表功能评估，设备控制失效	火灾爆炸	人员伤亡、财产损失	A级	对涉及“两重点一重大”的需要配置安全仪表系统的化工装置应开展安全仪表功能评估	《国家安全监管总局关于加强化工安全仪表系统管理的指导意见》（安监总管三[2014]116号）	是否开展安全仪表功能评估		检查记录	光气化反应器
	生产过程	未设置不间断电源，突然断电导致设备超温、超压	火灾爆炸	人员伤亡、财产损失	A级	化工生产装置自动化控制系统应设置不间断电源，可燃有毒气体检测报警系统应设置不间断电源，后备电池的供电时间不小于30min	《仪表供电设计规范》（HG/T 20509—2014）	是否设置不间断电源		视频监控	
	生产过程	防爆等级不够，易燃物料泄漏	火灾爆炸	人员伤亡、财产损失	A级	爆炸危险场所的仪表、仪表线路的防爆等级应满足区域的防爆要求	《爆炸危险环境电力装置设计规范》(GB 50058—2014)	防爆等级是否符合要求		检查记录	
	检修过程	进入塔器检维修，未进行有限空间相关审批	中毒窒息	人员伤亡	B级	企业应建立并不断完善危险作业许可制度，规范动火、进入受限空间、动土、临时用电、高处作业、断路、吊装、抽堵盲板等特殊作业的安全条件和审批程序。 实施特殊作业前，必须进行安全风险分析、确认安全条件，确保作业人员了解作业安全风险和掌握风险控制措施	《关于加强化工过程安全管理的指导意见》(安监总管三[2013]88号)	是否进行作业审批		检查记录	
	检修过程	检修平台防护缺失或不当，人员失误	高处坠落	人员伤亡	B级	固定式钢平台、钢直梯、钢斜梯及防护栏杆未按相关要求设置	《固定式钢梯及平台安全要求》(GB 4053.1～4053.3—2009)	是否设置防护措施		视频监控	

续表

部位	安全风险评估与管控							隐患违规电子证据			
	作业或活动	风险模式	事故类别	事故后果	风险等级	风险管控措施	参考依据	隐患检查内容	判别方式	监测监控方式	监测监控部位
光气吸收塔	生产过程	周边未设置有毒气体报警器或设置不满足要求，光气泄漏未能及时发现	中毒	人员伤亡、	A级	在使用或产生甲类气体或甲、$乙_A$类液体的工艺装置、系统单元内，应按区域控制和重点控制相结合的原则，设置可燃气体报警系统。 可燃气体和有毒气体检测报警器的设置与报警值的设置应满足GB/T 50493要求，并独立于基本过程控制系统	《石油化工企业设计防火标准(2018年版)》(GB 50160—2008)	检查可燃气体和有毒气体检测报警器的设置	是否设置	参数监控	光气吸收塔
	生产过程	设备腐蚀，导致泄漏	火灾爆炸	人员伤亡、财产损失	B级	企业应对设备定期进行巡回检查，并建立设备定期检查记录。 企业应加强防腐蚀管理，确定检查部位，定期检测，定期评估防腐效果	《国家安全监管总局关于加强化工企业泄漏管理的指导意见》(安监总管三[2014]94号)	是否有定期检测		检查记录	
氯气进料缓冲罐	生产过程	周边未设置有毒气体报警器或设置不满足要求，氯气泄漏未能及时发现	中毒	人员伤亡、财产损失	A级	生产、使用氯气的车间(作业场所)及储氯场所应设置氯气泄漏检测报警仪，作业场所和储氯场所空气中氯气最高允许浓度为1mg/m^3	《氯气安全规程》(GB 11984—2008)	检查可燃气体和有毒气体检测报警器的设置	是否设置	参数监控	氯气进料缓冲罐
	生产过程	设备腐蚀，导致泄漏	中毒	人员伤亡、财产损失	B级	企业应对设备定期进行巡回检查，并建立设备定期检查记录。 企业应加强防腐蚀管理，确定检查部位，定期检测，定期评估防腐效果	《国家安全监管总局关于加强化工企业泄漏管理的指导意见》(安监总管三[2014]94号)	是否有定期检测		检查记录	

续表

部位	安全风险评估与管控							隐患违规电子证据			
	作业或活动	风险模式	事故类别	事故后果	风险等级	风险管控措施	参考依据	隐患检查内容	判别方式	监测监控方式	监测监控部位
光气缓冲罐	生产过程	设备腐蚀，导致泄漏	中毒	人员伤亡、财产损失	B级	企业应对设备定期进行巡回检查，并建立设备定期检查记录。 企业应加强防腐蚀管理，确定检查部位，定期检测，定期评估防腐效果	《国家安全监管总局关于加强化工企业泄漏管理的指导意见》(安监总管三[2014]94号)	是否有定期检测		检查记录	光气缓冲罐
装卸台	生产过程	装卸管脱落导致有毒物料泄漏	中毒	人员伤亡、财产损失	B级	建立危险化学品装卸管理制度，明确作业前、作业中和作业结束后各个环节的安全要求。 站内无缓冲罐时，在距装卸车鹤位10m以外的装卸管道上应设便于操作的紧急切断阀	《石油化工企业设计防火标准(2018年版)》(GB 50160—2008)	是否设置紧急切断阀		视频监控	装卸台 变配电室 中控室
变配电室	生产过程	设备漏电，人员接触	触电	人员伤亡	C级	电气设备的安全性能，应满足以下要求： 1. 设备的金属外壳应采取防漏电保护接地； 2. 接地线不得搭接或串接，接线规范、接触可靠； 3. 明设的应沿管道或设备外壳敷设，暗设的在接线处外部应有接地标志； 4. 接地线接线间不得涂漆或加绝缘垫	《电气装置安装工程接地装置施工及验收规范》(GB 50169—2016)	设备接地情况		视频监控	
	生产过程	电缆火灾	火灾	人员伤亡、财产损失	B级	电缆必须有阻燃措施；电缆桥架符合相关设计规范	《电力工程电缆设计标准》(GB 50217—2018)	是否有阻燃措施		视频监控	

续表

部位	安全风险评估与管控							隐患违规电子证据			
	作业或活动	风险模式	事故类别	事故后果	风险等级	风险管控措施	参考依据	隐患检查内容	判别方式	监测监控方式	监测监控部位
中控室	生产过程	设备漏电，人员接触	触电	人员伤亡	C级	电气设备的安全性能，应满足以下要求： 1. 设备的金属外壳应采取防漏电保护接地； 2. 接地线不得搭接或串接，接线规范、接触可靠； 3. 明设的应沿管道或设备外壳敷设，暗设的在接线处外部应有接地标志； 4. 接地线接线间不得涂漆或加绝缘垫	《电气装置安装工程 接地装置施工及验收标准》(GB 50169—2016)	设备接地情况		视频监控	装卸台 变配电室 中控室
	生产过程	电缆火灾	火灾	人员伤亡、财产损失	B级	电缆必须有阻燃措施；电缆桥架符合相关设计规范	《电力工程电缆设计标准》(GB 50217—2018)	是否有阻燃措施		视频监控	
工艺管网	生产过程	静电集聚，遇易燃液体泄漏	火灾爆炸	人员伤亡、财产损失	A级	可燃气体、液化烃、可燃液体、可燃固体的管道在下列部位应设静电接地设施： 1. 进出装置区或设施处； 2. 爆炸危险场所的边界； 3. 管道泵及泵入口永久过滤器、缓冲器等。 在爆炸危险区域内设计有静电接地要求的管道，当每对法兰或其他接头间电阻值超过 0.03Ω 时，应设导线跨接	《石油化工企业设计防火标准(2018 年版)》(GB 50160—2008) 《工业金属管道工程施工规范》(GB 50235—2010)	是否有静电接地措施		视频监控	工艺管网

续表

部位	安全风险评估与管控							隐患违规电子证据			
	作业或活动	风险模式	事故类别	事故后果	风险等级	风险管控措施	参考依据	隐患检查内容	判别方式	监测监控方式	监测监控部位
作业管理	动火作业	危险区域动火	火灾、爆炸	人员伤亡、财产损失	A级	1. 危险区域动火必须办理动火证，采取防范措施；动火前，必须清理动火部位易燃物，用防火毯、石棉垫或铁板覆盖动火火星飞溅的区域。 2. 有油渍的部位建议开启水源，直接用水扑灭火星；易燃区域动火时，排烟和通风系统必须关停，并派专人现场监护和及时扑灭火星。 3. 动火后应派专人到动火区域下方进行确认，并继续观察15min确认无火险后，动火人员方能撤离	《生产区域动火作业安全规范》(HG 30010)	是否办理动火作业手续，是否制定作业安全方案并严格执行，作业是否配备可燃气报警器、消防器材等应急物资	通过查阅动火作业方案及作业记录	视频监控、参数监测	动火作业
	开停车	系统密封不严、吹扫不净、步骤流程人员失误	火灾、爆炸	人员伤亡、财产损失	A级	1. 企业在正常开车、紧急停车后的开车前，都要进行安全条件检查确认。 2. 开停车前，企业要进行安全风险辨识分析，制定开停车方案，编制安全措施和开停车步骤确认表。 3. 开车前企业应对如下重要步骤进行签字确认：(1)进行冲洗、吹扫、气密试验时，要确认已制定有效的安全措施；(2)引进蒸汽、氮气、易燃易爆介质前，要指定有经验的专业人员进行流程确认；(3)引进物料时，要随时监测物料流量、温度、压力、液位等参数变化情况，确认流程是否正确。 4. 应严格控制进退料顺序和速率，现场安排专人不间断巡检，监控有无泄漏等异常现象。 5. 停车过程中的设备、管线低点的排放应按照顺序缓慢进行，并做好个人防护；设备、管线吹扫处理完毕后，应用盲板切断与其他系统的联系。抽堵盲板作业应在编号、挂牌、登记后按规定的顺序进行，并安排专人逐一进行现场确认	《关于加强化工过程安全管理的指导意见》(安监总管三[2013]88号)	是否进行安全条件检查确认，是否制定作业安全方案并严格执行，是否做好个体防护	通过查阅作业方案及作业记录	视频监控、参数监测	

第二节 “五高”风险辨识与评估程序

“五高”风险辨识是指在安全事故发生之前，人们运用各种方法系统、连续地认识某个系统的“五高”风险，并分析安全事故发生的潜在原因。基于事故统计、现场调研与法律法规等资料，研究企业风险辨识评估技术与防控体系，注重理论、技术、方法研究，重点研究和解决企业固有风险、动态风险管理与防控的关键技术问题及其在工程领域的应用。“五高”风险辨识与评估过程包含风险类型辨识；固有风险与动态评估指标体系的编制；风险点固有风险、单元风险、单元风险动态修正模型的构建；现实风险分级标准；风险聚合；风险管控对策。基本工作程序如下：

(1) 风险点高危风险因子辨识　在风险单元区域内，以可能诱发的本单元重特大事故场所或区域作为风险点。基于单元事故风险点，分析事故致因机理，评估事故严重后果，并从高风险物品、高风险工艺、高风险设备、高风险场所、高风险（五高风险）作业辨识高危风险因子。危险化学品企业“五高”风险辨识清单样表见表 4-6 和表 4-7。

(2) 风险点典型事故风险的固有危险评价　高危风险（五高风险）赋值，建立评估模型，评估风险点事故风险固有危险指数。

(3) 单元固有危险评价　若干风险点固有危险指数的场所人员暴露指数加权累计值。

(4) 单元初始安全风险评估　单元高危风险管控频率与单元固有风险指数的耦合。

(5) 单元现实安全风险评估　在关键风险监测数据、事故隐患动态数据、物联网大数据、特殊时段数据、自然环境数据影响下，系统发生事故的风险及其对应的风险预警等级的定量衡量。

(6) 风险聚合　由单元风险聚合到企业风险、由企业风险聚合到区域风险。

表 4-6 光气及光气化工艺单元“五高”固有风险指标

典型事故风险点	风险因子	要素	指标描述	特征值		现状描述	取值
中毒事故风险点	高风险设备设施	CO 发生装置（CO 发生炉、CO 气柜、CO 缓冲罐）	本质安全化水平	危险隔离（替代）			
				故障安全	失误安全		
					失误风险		
				故障风险	失误安全		
					失误风险		
		光气合成装置（光气合成器、光气分配器、氯气缓冲罐）		危险隔离（替代）			
				故障安全	失误安全		
					失误风险		
				故障风险	失误安全		
					失误风险		
		光气化反应装置（反应釜、精馏塔）		危险隔离（替代）			
				故障安全	失误安全		
					失误风险		
				故障风险	失误安全		
					失误风险		
		氨储罐		危险隔离（替代）			
				故障安全	失误安全		
					失误风险		
				故障风险	失误安全		
					失误风险		
	高风险工艺	CO 合成	监测监控完好水平	发生炉温度监测	失效率		
				炉口温度监测	失效率		
				发生炉压力监测	失效率		
				CO 气柜压力监测	失效率		
				CO 缓冲罐压力监测	失效率		
				安全水封监测	失效率		
		CO 干燥		缓冲罐压力监测	失效率		
				安全水封监测	失效率		
		光气合成		液氯汽化器温度监测	失效率		
				热水箱温度监测	失效率		
				混合器温度监测	失效率		
				Cl_2 缓冲罐压力监测	失效率		
				反应器温度监测	失效率		
				反应器压力监测	失效率		

续表

典型事故风险点	风险因子	要素	指标描述	特征值		现状描述	取值
中毒事故风险点	高风险工艺	光气化反应	监测监控完好水平	通光温度监测	失效率		
				通光总量监测	失效率		
				赶光温度监测	失效率		
				反应器温度监测	失效率		
				反应器压力监测	失效率		
		氨储罐		压力监测	失效率		
	高风险场所	生产装置区域	人员风险暴露	原则上以事故后果严重度模拟计算结果为依据，确定事故影响范围，进而确定波及人员数量			
	高风险物品	生产、储存物质	物质危险性	物质危险性指数			
	高风险作业	特殊作业	高风险作业种类数	受限空间作业			
				动火作业			
				盲板抽堵作业			
				临时用电作业			
				高处作业			
		特种设备作业		特种设备安全管理			
				压力容器作业			
				安全附件维修作业			
		特种作业		危险化学品安全作业			
火灾、爆炸事故风险点	高风险设备设施	CO 发生装置（CO 发生炉、CO 气柜、CO 缓冲罐）	本质安全化水平	危险隔离（替代）			
				故障安全	失误安全		
					失误风险		
				故障风险	失误安全		
					失误风险		
		光气合成装置（光气合成器、光气分配器、氯气缓冲罐）		危险隔离（替代）			
				故障安全	失误安全		
					失误风险		
				故障风险	失误安全		
					失误风险		
		光气化反应装置（反应釜、精馏塔）		危险隔离（替代）			
				故障安全	失误安全		
					失误风险		
				故障风险	失误安全		
					失误风险		

续表

典型事故风险点	风险因子	要素	指标描述	特征值		现状描述	取值
火灾、爆炸事故风险点	高风险设备设施	氨储罐	本质安全化水平	危险隔离(替代)			
				故障安全	失误安全		
					失误风险		
				故障风险	失误安全		
					失误风险		
	高风险工艺	CO合成	监测监控完好水平	发生炉温度监测	失效率		
				炉口温度监测	失效率		
				发生炉压力监测	失效率		
				CO气柜压力监测	失效率		
				CO缓冲罐压力监测	失效率		
				安全水封监测	失效率		
		CO干燥		缓冲罐压力监测	失效率		
				安全水封监测	失效率		
		光气合成		液氯汽化器温度监测	失效率		
				热水箱温度监测	失效率		
				混合器温度监测	失效率		
				Cl_2缓冲罐压力监测	失效率		
				反应器温度监测	失效率		
				反应器压力监测	失效率		
		光气化反应		通光温度监测	失效率		
				通光总量监测	失效率		
				赶光温度监测	失效率		
				反应器温度监测	失效率		
				反应器压力监测	失效率		
		氨储罐		压力监测	失效率		
	高风险场所	生产装置区域	人员风险暴露	原则上以事故后果严重度模拟计算结果为依据，确定事故影响范围，进而确定波及人员数量			
	高风险物品	生产、储存物质	物质危险性	物质危险性指数			
	高风险作业	特殊作业	高风险作业种类数	动火作业			
				受限空间作业			
				盲板抽堵作业			
				高处作业			
				临时用电作业			
		特种设备作业		特种设备安全管理			
				压力容器作业			
				安全附件维修作业			
		特种作业		危险化学品安全作业			

表 4-7 光气及光气化工艺单元动态风险指标

典型事故风险点	风险因子	要素	指标描述	特征值		现状描述	取值
中毒事故风险点	高危风险监测监控特征指标	CO合成	监测监控完好水平	发生炉温度监测	报警值及报警频率		
				炉口温度监测	报警值及报警频率		
				发生炉压力监测	报警值及报警频率		
				CO气柜压力监测	报警值及报警频率		
				CO缓冲罐压力监测	报警值及报警频率		
				安全水封监测	报警值及报警频率		
		CO干燥		缓冲罐压力监测	报警值及报警频率		
				安全水封监测	报警值及报警频率		
		光气合成		液氯汽化器温度监测	报警值及报警频率		
				热水箱温度监测	报警值及报警频率		
				混合器温度监测	报警值及报警频率		
				Cl_2缓冲罐压力监测	报警值及报警频率		
				反应器温度监测	报警值及报警频率		
				反应器压力监测	报警值及报警频率		
		光气化反应		通光温度监测	报警值及报警频率		
				通光总量监测	报警值及报警频率		
				赶光温度监测	报警值及报警频率		
				反应器温度监测	报警值及报警频率		
				反应器压力监测	报警值及报警频率		
		氨储罐		压力监测	报警值及报警频率		

续表

<table>
<tr><th>典型事故风险点</th><th>风险因子</th><th>要素</th><th>指标描述</th><th colspan="2">特征值</th><th>现状描述</th><th>取值</th></tr>
<tr><td rowspan="12">中毒事故风险点</td><td rowspan="2">隐患指标</td><td>一般隐患</td><td>数量</td><td colspan="2">一般隐患数量</td><td></td><td></td></tr>
<tr><td>重大隐患</td><td>数量</td><td colspan="2">重大隐患数量</td><td></td><td></td></tr>
<tr><td rowspan="3">特殊时期指标</td><td>国家或地方重要活动</td><td></td><td colspan="2"></td><td></td><td></td></tr>
<tr><td>法定节假日</td><td></td><td colspan="2"></td><td></td><td></td></tr>
<tr><td>相关重特大事故发生后一段时间内</td><td></td><td colspan="2"></td><td></td><td></td></tr>
<tr><td>高危风险物联网指标</td><td>国内外典型案例库</td><td>实时追踪更新</td><td colspan="2"></td><td></td><td></td></tr>
<tr><td rowspan="6">自然环境</td><td>气象灾害</td><td>暴雨、暴雪</td><td colspan="2">降水量</td><td></td><td></td></tr>
<tr><td>地震灾害</td><td>地震</td><td colspan="2">监测</td><td></td><td></td></tr>
<tr><td>地质灾害</td><td>如崩塌、滑坡、泥石流、地裂缝等</td><td colspan="2"></td><td></td><td></td></tr>
<tr><td>海洋灾害</td><td>—</td><td colspan="2"></td><td></td><td></td></tr>
<tr><td>生物灾害</td><td>—</td><td colspan="2"></td><td></td><td></td></tr>
<tr><td>森林草原灾害</td><td>—</td><td colspan="2"></td><td></td><td></td></tr>
<tr><td rowspan="10">火灾、爆炸事故风险点</td><td rowspan="10">高危风险监测监控特征指标</td><td rowspan="6">CO合成</td><td rowspan="10">监测监控完好水平</td><td>发生炉温度监测</td><td>报警值及报警频率</td><td rowspan="6"></td><td rowspan="6"></td></tr>
<tr><td>炉口温度监测</td><td>报警值及报警频率</td></tr>
<tr><td>发生炉压力监测</td><td>报警值及报警频率</td></tr>
<tr><td>CO气柜压力监测</td><td>报警值及报警频率</td></tr>
<tr><td>CO缓冲罐压力监测</td><td>报警值及报警频率</td></tr>
<tr><td>安全水封监测</td><td>报警值及报警频率</td></tr>
<tr><td rowspan="2">CO干燥</td><td>缓冲罐压力监测</td><td>报警值及报警频率</td><td rowspan="2"></td><td rowspan="2"></td></tr>
<tr><td>安全水封监测</td><td>报警值及报警频率</td></tr>
<tr><td rowspan="2">光气合成</td><td>液氯汽化器温度监测</td><td>报警值及报警频率</td><td rowspan="2"></td><td rowspan="2"></td></tr>
<tr><td>热水箱温度监测</td><td>报警值及报警频率</td></tr>
</table>

续表

典型事故风险点	风险因子	要素	指标描述	特征值		现状描述	取值
火灾、爆炸事故风险点	高危风险监测监控特征指标	光气合成	监测监控完好水平	混合器温度监测	报警值及报警频率		
				Cl_2缓冲罐压力监测	报警值及报警频率		
				反应器温度监测	报警值及报警频率		
				反应器压力监测	报警值及报警频率		
		光气化反应		通光温度监测	报警值及报警频率		
				通光总量监测	报警值及报警频率		
				赶光温度监测	报警值及报警频率		
				反应器温度监测	报警值及报警频率		
				反应器压力监测	报警值及报警频率		
		氨储罐		压力监测	报警值及报警频率		
	隐患指标	一般隐患	数量	一般隐患数量			
		重大隐患	数量	重大隐患数量			
	特殊时期指标	国家或地方重要活动					
		法定节假日					
		相关重特大事故发生后一段时间内					
	高危风险物联网指标	国内外典型案例库	实时追踪更新				
	自然环境	气象灾害	暴雨、暴雪	降水量			
		地震灾害	地震	监测			
		地质灾害	如崩塌、滑坡、泥石流、地裂缝等				
		海洋灾害	—				
		生物灾害	—				
		森林草原灾害	—				

第三节 “5+1+N”指标体系

（1）风险点固有风险指标（“5”） “五高”[1] 固有风险指标重点将高风险物品、高风险工艺、高风险设备、高风险场所、高风险作业作为指标体系的五个风险因子，分析指标要素与特征值，构建固有风险指标体系。

（2）单元风险频率指标（“1”） 将企业安全管理现状整体安全程度表征单元高危风险管控频率指标。

（3）单元现实风险动态修正指标（“N”） 动态风险指标体系重点从高危风险监测特征指标、隐患指标、特殊时期指标、高危风险物联网指标、自然环境等方面分析指标要素与特征值，构建指标体系。

第四节 单元“5+1+N”指标计量模型

本节重点介绍通过计算风险点固有风险指标（“5”）、单元风险频率指标（“1”）及单元现实风险动态修正指标（“N”），最后得到单元现实风险（R_N）的方法和步骤。

一、风险点固有风险指标（“5”）

1. 风险点固有危险指数（h）

将风险点固有危险指数 h 定义为：

$$h = h_s MEK_1 K_2 \tag{4-2}$$

式中 h_s——高风险设备固有危险指数；

M——高风险物品危险指数；

E——高风险场所人员暴露指数；

K_1——高风险工艺修正系数；

K_2——高风险作业危险性修正系数。

(1) 高风险设备固有危险指数（h_s） 高风险设备固有危险指数[2] 以风险点设备设施本质安全化水平作为赋值依据，表征风险点生产设备设施防止事故发生的技术措施水平，取值范围 1.0～1.7，按表 4-8 取值。

表 4-8 高风险设备固有危险指数（h_s）赋值表

类型		h_s 值
危险隔离（替代）		1.0
故障安全	失误安全	1.2
	失误风险	1.4
故障风险	失误安全	1.3
	失误风险	1.7

(2) 高风险物品物质危险指数（M） M 值由风险点高风险物品的火灾、爆炸、毒性、能量等特性确定，按照《危险化学品重大危险源辨识》(GB 18218—2018)，采用高风险物品的实际存在量与临界量的比值及对应物品的危险特性修正系数乘积的 m 值作为分级指标，根据分级结果确定 M 值。

风险点高风险物品相对量 m 值的计算方法如下：

$$m=\left(\beta_1 \frac{q_1}{Q_1}+\beta_2 \frac{q_2}{Q_2}+\cdots+\beta_n \frac{q_n}{Q_n}\right) \tag{4-3}$$

式中 q_1，q_2，…，q_n——每种高风险物品实际存在（在线）量，t；

Q_1，Q_2，…，Q_n——与各高风险物品相对应的临界量，t；

β_1，β_2，…，β_n——与各高风险物品相对应的校正系数。

根据 m 值，按表 4-9 确定危险化学品企业风险点高风险物品的级别，确定风险点的物质危险指数（M），取值范围 1～9。

表 4-9 高风险物品物质危险指数（M）赋值表

m 值	M 值
$m \geqslant 100$	9
$100 > m \geqslant 50$	7

续表

m 值	M 值
$50>m\geqslant 10$	5
$10>m\geqslant 1$	3
$m<1$	1

（3）高风险场所人员暴露指数（E） 以风险点内暴露人数 P 来衡量，按表 4-10 取值，取值范围 1～9。

表 4-10 高风险场所人员暴露指数（E）赋值表

暴露人数(P)	E 值
$p\geqslant 100$	9
$99\geqslant p\geqslant 30$	7
$29\geqslant p\geqslant 10$	5
$9\geqslant p\geqslant 3$	3
$2\geqslant p\geqslant 0$	1

（4）高风险工艺修正系数（K_1）

$$K_1=1+l \tag{4-4}$$

式中 l——风险点内监测监控设施失效率的平均值。

（5）高风险作业危险性修正系数（K_2）

$$K_2=l+0.05t \tag{4-5}$$

式中 t——风险点内涉及高风险作业种类数。

2. 单元固有危险指数（H）

单元区域内存在若干个风险点，根据安全控制论原理，单元固有危险指数为若干风险点固有危险指数的场所人员暴露指数加权累计值。H 定义如下：

$$H=\sum_{1}^{n}h_i(E_i/F) \tag{4-6}$$

式中 h_i——单元内第 i 个风险点危险指数；

E_i——单元内第 i 个风险点场所人员暴露指数；

F——单元内各风险点场所人员暴露指数累计值，$F=\sum_{i=1}^{n}E_i$ (4-7)

n——单元内风险点数。

二、单元风险频率指标（“1”）

根据安全生产标准化专业评定标准，初始安全生产标准化等级满分为100分。单元初始高危风险管控频率指标从企业安全生产管控标准化程度来衡量，即采用单元安全生产标准化考评分数来衡量单元固有风险初始引发事故的概率。以单元安全生产标准化得分百分比的倒数作为单元高危风险管控频率指标。则计量单元初始高危风险管控频率为：

$$G=100/\nu \tag{4-8}$$

式中 G——单元初始高危风险管控频率；

ν——安全生产标准化自评/评审分值。

三、单元初始高危安全风险（R_0）

将单元初始高危风险管控频率（G）与单元固有危险指数（H）聚合：

$$R_0=GH \tag{4-9}$$

式中 R_0——单元初始高危安全风险；

G——单元初始高危风险管控频率指数；

H——单元固有危险指数。

四、现实风险动态修正指标（“N”）

现实风险动态修正指标实时修正风险点固有危险指数（h）及单元初始高危安全风险（R_0）。主要包括高危风险监测监控特征指标、事故隐患指标、特殊时期指标、高危风险物联网指标和自然环境指标等。

1. 高危风险监测特征指标修正系数（K_3）

用高危风险监测特征指标修正系数（K_3）修正风险点固有危险指数（h）。在线监测项目实时报警分一级报警（低报警）、二级报警（中报警）和三级报警（高报警）。当在线监测项目达到3项一级报警时，记为1项二级报警；当监测项目达到 2 项二级报警时，记为 1 项三级报警。由此，设定一、二、三级报警的权重分别为 1、3、6，归一化处理后的系数分别为 0.1、0.3、0.6，高危风险监测特征指标修正系数公式为：

$$K_3=1+0.1a_1+0.3a_2+0.6a_3 \tag{4-10}$$

式中 K_3——高危风险监测特征指标修正系数；

a_1——实时一级报警（低报警）项数；

a_2——实时二级报警（中报警）项数；

a_3——实时三级报警（高报警）项数。

2. 事故隐患指标修正系统（K_4）

安全生产过程中的事故隐患数量和隐患级别很大程度上能反映企业的安全管理水平和状态，将指标整体划分为一般事故隐患和重大事故隐患。隐患的统计以监测监控手段识别出的事故隐患和各级监管部门上报、企业自查的事故隐患基础动态数据为依据。

（1）重大事故隐患　以国家安全监管总局制定印发的《化工和危险化学品生产经营单位重大生产安全事故隐患判定标准（试行）》（安监总管三［2017］121 号）中列举的 20 类重大生产安全事故隐患作为判断标准。

注意：

根据《化工和危险化学品生产经营单位重大生产安全事故隐患判定标准（试行）》的规定，以下情形应当判定为重大事故隐患：

① 危险化学品生产、经营单位主要负责人和安全生产管理人员未依法经考核合格。

② 特种作业人员未持证上岗。

③ 涉及“两重点一重大”的生产装置、储存设施外部安全防护距离不符合国家标准要求。

④ 涉及重点监管危险化工工艺的装置未实现自动化控制，系统未实现紧急停车功能，装备的自动化控制系统、紧急停车系统未投入使用。

⑤ 构成一级、二级重大危险源的危险化学品罐区未实现紧急切断功能；涉及毒性气体、液化气体、剧毒液体的一级、二级重大危险源的危险化学品罐区未配备独立的安全仪表系统。

⑥ 全压力式液化烃储罐未按国家标准设置注水措施。

⑦ 液化烃、液氨、液氯等易燃易爆、有毒有害液化气体的充装未使用万向管道充装系统。

⑧ 光气、氯气等剧毒气体及硫化氢气体管道穿越除厂区（包括化工园区、工业园区）外的公共区域。

⑨ 地区架空电力线路穿越生产区且不符合国家标准要求。

⑩ 在役化工装置未经正规设计且未进行安全设计诊断。

⑪ 使用淘汰落后安全技术工艺、设备目录列出的工艺、设备。

⑫ 涉及可燃和有毒有害气体泄漏的场所未按国家标准设置检测报警装置，爆炸危险场所未按国家标准安装使用防爆电气设备。

⑬ 控制室或机柜间面向具有火灾、爆炸危险性装置一侧不满足国家标准关于防火防爆的要求。

⑭ 化工生产装置未按国家标准要求设置双重电源供电，自动化控制系统未设置不间断电源。

⑮ 安全阀、爆破片等安全附件未正常投用。

⑯ 未建立与岗位相匹配的全员安全生产责任制或者未制定实施生产安全事故隐患排查治理制度。

⑰ 未制定操作规程和工艺控制指标。

⑱ 未按照国家标准制定动火、进入受限空间等特殊作业管理制度，或者制度未有效执行。

⑲ 新开发的危险化学品生产工艺未经小试、中试、工业化试验直接进行工业化生产；国内首次使用的化工工艺未经过省级人民政府有关部门组织的安全可靠性论证；新建装置未制定试生产方案投料开车；精细化工企业未按规范性文件要求开展反应安全风险评估。

⑳ 未按国家标准分区分类储存危险化学品，超量、超品种储存危险化学品，相互禁配物质混放混存。

(2) 一般事故隐患　除重大事故隐患以外的其他事故隐患。

若单元存在重大事故隐患，单元现实风险（R_N）直接判定为Ⅰ级（红色预警）。

若出现一般事故隐患，则根据隐患数量（记为 i）按如表 4-11 对单元初始风险值进行修正。

表 4-11 一般事故隐患修正系数 K_4 赋值表

序号	一般事故隐患数量(i)	K_4 值
1	$i=0$	1.0
2	$1\leqslant i<5$	1.1
3	$5\leqslant i<20$	1.3
4	$i\geqslant 20$	1.5

3. 特殊时期指标修正

特殊时期指标指法定节假日、国家或地方重要活动等时期。对初始的单元现实风险（R_N）提一档。

4. 高危风险物联网指标修正

高危风险物联网指标指近期单元发生了生产安全事故或国内外发生了典型同类事故，则对初始的单元现实风险（R_N）提一档。

5. 自然灾害指标修正

自然灾害指区域内发生的气象、地震、地质等灾害。对初始的单元现实风险（R_N）提一档。

五、单元现实风险（R_N）

1. 风险点固有危险指数动态监测指标修正值（h_d）

高危风险监测特征指标修正系数（K_3）对风险点固有风险指标进行动态修正：

$$h_d=hK_3 \tag{4-11}$$

式中 h_d——风险点固有危险指数动态监测指标修正值；

h——风险点固有危险指数；

K_3——高危风险监测特征指标修正系数。

2. 单元固有危险指数动态修正值（H_D）

单元区域内存在若干个风险点，根据安全控制论原理，单元固有危险指数动态修正值（H_D）为若干风险点固有危险指数动态监测指标修正值（h_{di}）与场所人员暴露指数加权累计值。H_D 定义如下：

$$H_D=\sum_1^n h_{di}(E_i/F) \tag{4-12}$$

式中 H_D——单元固有危险指数动态修正值；

h_{di}——单元内第 i 个风险点固有危险指数动态监测指标修正值；

E_i——单元内第 i 个风险点场所人员暴露指数；

F——单元内各风险点场所人员暴露指数累计值；

n——单元内风险点数。

3. 单元初始高危安全风险修正值（R_{0d}）

将单元高危风险管控频率（G）与固有危险指数动态修正值聚合：

$$R_{0d}=GH_D \tag{4-13}$$

式中 R_{0d}——单元初始高危安全风险修正值；

G——单元初始高危风险管控频率；

H_D——单元固有危险指数动态修正值。

4. 单元现实风险（R_N）

将单元现实风险（R_N）定义为：

$$R_N=R_{0d}K_4 \tag{4-14}$$

式中 K_4——事故隐患指标修正系数。

若单元存在重大事故隐患，单元现实风险（R_N）直接判定为Ⅰ级（红色预警）。

特殊时期指标、高危风险物联网指标和自然环境指标等对单元现实安全风险等级进行提档修正。

5. 单元现实风险分级标准

将危险化学品企业重大安全风险等级划分为Ⅰ级、Ⅱ级、Ⅲ级、Ⅳ级，见表 4-12。

表 4-12 单元风险等级划分标准

单元现实安全风险(R_N)	预警信号	风险等级
$R_N\geqslant200$	红	Ⅰ级
$200>R_N\geqslant100$	橙	Ⅱ级
$100>R_N\geqslant20$	黄	Ⅲ级
$R_N<20$	蓝	Ⅳ级

第五节 风险聚合

一、企业整体风险（R）

企业整体风险（R）由企业内单元现实风险最大值 $\max(R_{Ni})$ 确定，企业整体风险等级按照表 4-12 的标准进行风险等级划分。

$$R=\max(R_{Ni}) \tag{4-15}$$

二、区域行业风险

内梅罗指数法的优点是数学过程简洁、运算方便、物理概念清晰等，并且该法特别考虑了最严重的因子影响。内梅罗指数法在加权过程中避免了权系数中主观因素的影响。为了便于风险分级标准统一化，区域风险值采用内梅罗指数法计算。

1. 县（区）级风险（R_C）

根据各企业内的各单元现实风险（R_{Ni}），从中找出最大风险值 $\max(R_{Ni})$ 和平均值 $\mathrm{ave}(R_{Ni})$，按照内梅罗指数的基本计算公式[3]，县（区）级风险（R_C）为：

$$R_C=\sqrt{\frac{\max(R_{Ni})^2+\mathrm{ave}(R_{Ni})^2}{2}} \tag{4-16}$$

式中 R_C——县（区）级区域风险；

R_{Ni}——县（区）级区域内第 i 个单元现实风险；

$\max(R_{Ni})$——区域内单元现实风险中最大者；

$\mathrm{ave}(R_{Ni})$——区域内单元现实风险的平均值。

2. 市级风险（R_M）

根据各县（区）级风险（R_C），从中找出最大风险值 $\max(R_{Ci})$ 和平均值 $\mathrm{ave}(R_{Ci})$，按照内梅罗指数的基本计算公式，市级风险（R_M）为：

$$R_{\mathrm{M}}=\sqrt{\frac{\max(R_{\mathrm{C}i})^2+\mathrm{ave}(R_{\mathrm{C}i})^2}{2}} \tag{4-17}$$

式中 R_{M}——市级风险；

$R_{\mathrm{C}i}$——市级区域内第 i 个县（区）的区域风险；

$\max(R_{\mathrm{C}i})$——区域内企业整体风险中最大者；

$\mathrm{ave}(R_{\mathrm{C}i})$——区域内企业整体风险的平均值。

市级风险（R_{M}）等级按照表 4-12 的标准进行风险等级划分。

参考文献

[1] 徐克，陈先锋．基于重特大事故预防的“五高”风险管控体系[J]．武汉理工大学学报(信息与管理工程版)，2017，39(6)：649-653.

[2] 张翼鹏．安全控制论的理论基础与应用(四)[J]．工业安全与防尘，1998(4)：1-5.

[3] 程继雄，程胜高，张炜．地下水质量评价常用方法的对比分析[J]．安全与环境学报，2008，15(2)：23-25.

第五章 风险评估模型应用分析

以××公司为例，对“五高”风险辨识与评估技术进行应用分析。

第一节 企业概述

一、企业基本情况

××公司主营化工产品及石油制品的生产和销售，主要产品有碳五石油树脂、碳九石油树脂、碳五碳九共聚树脂、芳烃稀释剂、工业萘等。

二、厂区平面布置

厂区按照不同功能主要分为装置区、罐区、公用工程及辅助生产设施区三个主要部分。其中，装置区集中布置在厂区中部偏东侧，罐区布置在厂区西南部，公用工程及辅助生产设施区主要布置在厂区北部、西北部、东南部。

厂区设置两个出入口，厂区内通过两条南北向的干路纵4路、纵6路将厂区自东向西分为三个主要区。

第一区位于纵2路与纵4路之间，宽度94m，南北向长度为560m，该区自北向南依次布置有：综合办公楼、厂前预留区、装置预留用地、总变配电所、中心控制室、分析化验楼及车间办公楼、循环水场、污水预处理单元、生产污水池、隔油池、火炬。

第二区位于纵4路与纵6路之间，宽度147m，南北向长度为560m，该区自北向南依次布置有：危险废弃物库、给水及消防加压泵站、检维修厂房、空压站、1#区域变配电所、碳五树脂装置、碳五碳九共聚树脂装置、1#、2#热聚碳九树脂装置（联合布置）、碳九冷聚树脂装置、碳九分离及加氢联合装置（含制冷系统、导热油系统）、裂解燃料油分离装置（含蒸汽热水站）、装置预留区、初期污染雨水池、事故污水池。

第三区位于纵6路与纵8路之间，宽度为200m，南北向长度为406m，该区自北向南依次布置有：全厂成品库、树脂造粒包装厂房、汽车装车设施、2#区域变配电所、现场机柜间、常压罐区二、常压罐区三、罐区预留用地一、压力罐区、辅助原料、化学品罐区、罐区预留用地二、常压罐区一。

厂区内管廊沿厂区道路布置，厂区内主管廊布置在纵4路西侧和横11路北侧，其中纵4路道路平台宽度38m，横11路道路平台宽度33.5m。厂区对外管廊通道布置在第一区中部，装置预留用地与总变配电所之间用地，对外联系管廊穿越第一区与纵4路西侧管廊相接。

三、生产工艺及设备

1. 碳五（C_5）树脂工艺及设备

（1）工艺 采用自动化程度高，产品质量稳定的连续式生产工艺。主要包括以下工序：①原料配制工序；②聚合工序；③碱洗、水洗工序；④闪蒸工序。

反应原理：间戊二烯与单烯烃混合料及混合溶剂与催化剂的混合液进入反应器内发生聚合反应，混合液通过水洗工序脱除催化剂后，静置分层。分层后聚合液进入闪蒸塔在一定的温度、压力下，产生熔融状态的固体树脂，后经造粒机造粒、冷却、包装成成品。

（2）主要设备 碳五树脂单元主要设备见表5-1。

表5-1 碳五树脂单元主要设备

序号	名称	容积/m^3	操作压力/MPa	温度/℃	数量	介质
1	一级闪蒸塔	34	0.5	155	1	树脂及溶剂(戊烷)/气液两相
2	二级闪蒸塔	9.8	0.2	225	1	溶剂(二甲苯)/气液两相
3	三级闪蒸塔	7.37	0.025	225	1	液体树脂(低聚体)/气液两相
4	脱氮塔	—	0.9	40	1	—
5	聚合反应器	—	设计压力0.8	设计温度70	2	聚合液(间戊二烯)/液相
6	碱洗釜	—	设计压力0.8	设计温度70	2	聚合液(间戊二烯)/液相
7	水洗釜	—	0.8	70	1	聚合液(间戊二烯)/液相
8	造粒机进料罐	—	0.8	250	2	树脂液/液相
9	单烯烃缓冲罐	19.53	0.5	50	1	单烯烃(戊烷)/液相

续表

序号	名称	容积/m^3	操作压力/MPa	温度/℃	数量	介质
10	碱洗沉降罐	27.3	1	90	1	聚合液(间戊二烯)/液相
11	水洗沉降罐	19.53	1	90	1	聚合液(间戊二烯)/液相
12	水洗沉降罐	19.53	1	90	1	聚合液(间戊二烯)/液相
13	聚合液缓冲罐	51	0.5	70	1	聚合液(间戊二烯)/液相
14	未聚碳五接收罐	10	0.1	60	1	未聚碳五(戊烷)/液相
15	溶剂接收罐	5.87	0.1	60	1	溶剂(戊烷)/液相
16	液体树脂接收罐	5.41	0.1	60	1	液体树脂/液相
17	催化剂计量罐	3.3	0.01	50	1	催化剂溶液(二甲苯)/液相
18	催化剂计量罐	3.3	0.01	50	1	
19	抗氧剂计量罐	4.5	0.01	150	1	熔融态抗氧剂/液相
20	流平剂计量罐	4.5	0.01	150	1	流平剂/液相
21	破乳剂计量罐	2.3	0.01	95	1	破乳剂/液相
22	氨水储罐	10	常压	50	1	氨水/液相
23	氨水计量罐	1.16	0.01	80～95	1	氨水/液相
24	氨水计量罐	1.16	0.01	80～95	1	氨水/液相
25	氨水计量罐	1.16	0.01	80～95	1	氨水/液相
26	真空缓冲罐	2.77	−0.1	40	1	碳五/气相
27	真空分液罐	2.77	0.05	40	1	碳五/气相
28	净化风罐	10.83	0.5	3.7	1	
29	中间层罐	20	常压	70	1	中间乳化物/液相
30	水封罐	1	0.01	60/40	1	酸性污水/液相
31	助剂计量罐	1.87	0.01	50/常温	1	助剂/液体
32	中压凝液罐	4.03	2	220	1	凝结水/液相
33	安全排放罐	11	0.05	180	1	火炬排放气/气相
34	高压凝液罐	1.95	4.1	260	1	凝结水/液相
35	排放水封罐	2.88	常压	60	1	

续表

序号	名称	容积/m^3	操作压力/MPa	温度/℃	数量	介质
36	碱水收集罐	48	常压	90	1	碱液/液相
37	聚合冷凝器	—	1.6/0.5	80/40	1	—
38	聚合冷凝器	—	1.6/0.5	80/40	1	—
39	聚合冷却器	—	1.6/0.5	80/40	1	—
40	聚合冷却器	—	1.6/0.5	80/40	1	—
41	一级闪蒸加热器	—	2.5/2.0	260/220	1	—
42	一闪冷凝器	—	1.6/0.03	160/40	1	—
43	二级闪蒸加热器	—	1.42	50/30	1	—
44	真空捕集器	—	4.5/4	360/250	1	—

2. 碳五碳九（C_5/C_9）共聚树脂工艺及设备

（1）工艺　采用自动化程度高，产品质量稳定的连续式生产工艺。主要包括以下工序：①聚合工序；②碱洗、水洗工序；③闪蒸工序。

反应原理：碳五/碳九共聚树脂的催化聚合反应是阳离子型加聚反应，主要是不饱和的碳五单体在催化剂的作用下，形成碳正离子活性中心，再与不饱和碳九（主要是苯乙烯、双环戊二烯、甲基苯乙烯、乙烯基甲苯、茚类等带不饱和键的活性组分）引发链式聚合，从而合成碳五/碳九共聚石油树脂。

（2）主要设备　碳五/碳九共聚树脂单元主要设备见表5-2。

表5-2　碳五/碳九共聚树脂单元主要设备

序号	名称	容积/m^3	操作压力/MPa	温度/℃	数量	介质
1	碳五/碳九分离塔	19.82	0.1	245	1	碳五,碳九树脂油/气液态
2	脱水塔	6.8	0.8	50	1	碳五,碳九原料油/液态
3	脱水塔	6.8	0.8	50	1	碳五,碳九原料油/液态
4	一级聚合釜	17.1	设计压力0.3	设计温度80	1	碳五,碳九溶剂油/液态
5	二级聚合釜	13.13	设计压力0.3	设计温度80	1	碳五,碳九聚合油/液态

续表

序号	名称	容积/m^3	操作压力/MPa	温度/℃	数量	介质
6	三级聚合釜	10.5	设计压力 0.3	设计温度 80	1	碳五,碳九聚合油/液态
7	碱洗釜	14.97	设计压力 0.3	设计温度 80	1	碳五,碳九聚合油/液态
8	水洗釜	14.97	设计压力 0.3	设计温度 80	1	碳五,碳九聚合油/液态
9	抗氧剂配制釜	5.48	0.25	168	1	混苯/液态
10	BF_3 储罐	24.338	0.1/0.7	40	1	BF_3 催化剂/液态
11	BF_3 计量罐	2.34	0.1/0.7	40	2	BF_3 催化剂/液态
12	BF_3 计量罐	2.34	0.1/0.7	40	2	BF_3 催化剂/液态
13	碱洗沉降罐	25.45	0.3	80	1	碳五,碳九聚合油,水/液态
14	一级水洗沉降罐	20.896	0.3	70	1	碳五,碳九聚合油,水/液态
15	二级水洗沉降罐	20.896	0.3	70	1	碳五,碳九聚合油,水/液态
16	聚合液缓冲罐	16.8	0.3	78	1	碳五,碳九聚合油,水/液态
17	表面活性剂储罐	14.818	0	40	1	表面活性剂/液态
18	聚合油水洗输送罐	5.1	0.25	70	1	碳五,碳九聚合油/液态
19	一级闪蒸槽	1.69	0.2	200	1	碳五,碳九聚合油/气液态
20	一闪分离器	0.3	0.2	200	1	碳五,碳九聚合油/液态
21	一闪缓冲槽	2.23	0.1	200	1	碳五,碳九聚合油/气液态
22	塔顶回流罐	9.288	0.1	50	1	碳五组分/液态
23	侧线缓冲罐	3.88	0.1	161	1	碳九组分/气液态
24	二级闪蒸槽	1.85	常压	220	1	聚合油/气液态
25	二闪缓冲槽	2.23	0.1/2	220	1	碳五,碳九树脂油/气液态
26	真空泵吸入罐	1.24	−0.095	常温	1	不凝气/气态
27	真空泵排出罐	3.26	常压	常温	1	碳五,碳九树脂油/气液态
28	一闪凝液接收罐	1.875	0.1	40	1	一闪凝液/液态
29	二闪凝液接收罐	1.875	−0.05	40	1	二闪凝液/液态
30	E-302 蒸汽凝液接收罐	0.963	4	260	1	高压蒸汽凝液/液态
31	E-308 蒸汽凝液接收罐	0.963	4	260	1	高压蒸汽凝液/液态
32	抗氧剂计量罐	4.51	0.25	170	2	抗氧剂/液态
33	中间层罐	20	常压	80	1	废油/液态

续表

序号	名称	容积/m^3	操作压力/MPa	温度/℃	数量	介质
34	净化风罐	10.83	0.6	常温	1	—
35	放空分液罐	10.96	0.2	180	1	火炬气/气液态
36	水洗水收集罐	7.205	0.2	80	1	水洗水/液态
37	聚合前冷器	—	—	—	1	—
38	一级循环冷却器	—	—	—	1	—
39	二级循环冷却器	—	—	—	1	—
40	聚合后冷器	—	—	—	1	—
41	一闪预热器	—	—	—	1	—
42	一闪加热器	—	—	—	1	—
43	一闪冷凝器	—	—	—	1	—
44	原料产品换热器	—	—	—	1	—
45	C-301塔底再沸器	—	—	—	1	—
46	C-301塔顶冷凝器	—	—	—	1	—
47	C-301塔顶冷凝器	—	—	—	1	—
48	C-301塔顶后冷器	—	—	—	1	—
49	二闪加热器	—	—	—	1	—
50	二闪一冷器	—	—	—	1	—
51	二闪二冷器	—	—	—	1	—
52	真空泵出口冷却器	—	—	—	1	—
53	碳九后冷器	—	—	—	1	—

3. 碳九（C_9）1# 热聚树脂工艺及设备

（1）工艺　采用自动化程度高，产品质量稳定的连续式生产工艺。主要包括以下工序：①聚合工序；②闪蒸工序；③造粒工序。

反应原理：石油树脂的热聚合原料主要是双环戊二烯富集液，因此其热聚合为双环戊二烯的开环聚合反应生成聚合双环戊二烯石油树脂。

（2）主要设备　1＃热聚碳九树脂单元主要设备见表5-3。

表 5-3　1＃热聚碳九树脂单元主要设备

序号	名称	容积/m^3	操作压力/MPa	温度/℃	数量	介质
1	1＃一聚反应器	17.65	设计压力 1.1	设计温度 210	1	树脂油/液
2	1＃二聚反应器	17.65	设计压力 1.1	设计温度 210	1	树脂油/液
3	1＃三聚反应器	17.65	设计压力 1.1	设计温度 210	1	树脂油/液
4	1＃四聚反应器	17.65	设计压力 1.1	设计温度 210	1	树脂油/液
5	造粒机进料罐	—	—	—	1	—
6	1＃一级闪蒸罐	8.7	−0.084	200	1	石油树脂/液
7	1＃二级闪蒸罐	5	−0.1	250	1	石油树脂/液
8	1＃轻闪油接收罐	3.87	常压	60	1	轻质溶剂油/液
9	1＃轻烯烃溶剂油收集罐	6	1.2	120	1	树脂油等/液
10	1＃重闪油接收罐	1.56	−0.1	60	1	重质溶剂油/液
11	1＃造粒机进料罐	10.4	−0.094	220	1	树脂料/液
12	1＃闪蒸真空泵吸入罐	1.24	−0.095	常温	1	废气/气
13	1＃闪蒸真空泵吸入罐	1.24	−0.095	常温	1	废气/气
14	1＃闪蒸真空泵吸入罐	1.24	−0.095	常温	1	废气/气
15	1＃闪蒸单元真空泵排空罐	3.26	常压	常温	1	废气/气
16	1＃低温热油储罐	3.87	常压	160	1	导热油/液
17	1＃低温热油膨胀罐	0.5	常压	160	1	导热油/液
18	放空分液罐	18	0.6	220	1	放空气/气
19	1＃聚合进料加热器	—	—	—	1	—
20	1＃聚合进料加热器	—	—	—	1	—
21	1＃聚合排气冷凝器	—	—	—	1	—
22	1＃聚合排气捕集器	—	—	—	1	—
23	1＃一级闪蒸加热器	—	—	—	1	—
24	1＃二级闪蒸加热器	—	—	—	1	—
25	1＃一级闪蒸冷凝器	—	—	—	1	—
26	1＃一级闪蒸后冷器	—	—	—	1	—
27	1＃二级闪蒸冷凝器	—	—	—	1	—
28	1＃闪蒸真空泵后冷器	—	—	—	1	—
29	1＃低温热油加热器	—	—	—	1	—
30	1＃热油冷却器	—	—	—	1	—

4. 碳九（C_9）2# 热聚树脂工艺及设备

（1）工艺　采用自动化程度高，产品质量稳定的连续式生产工艺。主要包括以下工序：①聚合工序；②闪蒸工序。

反应原理：石油树脂的热聚合原料主要是双环戊二烯富集液，因此其热聚合为双环戊二烯的开环聚合反应生成聚合双环戊二烯石油树脂。

（2）主要设备　2＃热聚碳九树脂单元主要设备见表5-4。

表5-4　2＃热聚碳九树脂单元主要设备

序号	名称	容积/m^3	操作压力/MPa	温度/℃	数量	介质
1	2＃汽提塔1	1.65	－0.095	240	1	碳九馏分/气、液
2	2＃汽提塔2	1.65	－0.095	240	1	碳九馏分/气、液
3	2＃汽提塔釜1	25.4	－0.095/0.35	240	1	碳九、树脂、水等/液
4	2＃汽提塔1顶接收罐	3.18	－0.095/0.35	50	1	碳九、水等/液
5	2＃汽提塔釜2	25.4	－0.095/0.35	240	1	碳九、树脂、水等/液
6	2＃汽提塔2顶接收罐	3.18	－0.095/0.35	50	1	碳九、水等/液
7	2＃树脂接收罐	10.5	－0.095/0.35	240	1	碳九、树脂等/液
8	2＃汽提塔1冷凝器Ⅱ	—	—	90/50	1	—
9	2＃汽提塔2冷凝器Ⅱ	—	—	90/50	1	—
10	2＃中温导热油冷却器	—	—	300	1	—
11	2＃汽提塔1冷凝器Ⅰ	—	—	240/90	1	—
12	2＃汽提塔2冷凝器Ⅰ	—	—	240/90	1	—

5. 碳九冷聚树脂工艺及设备

（1）工艺　采用自动化程度高，产品质量稳定的连续式生产工艺。主要包括以下工序：①原料聚合工序；②闪蒸工序。

反应原理：碳九树脂的催化聚合反应是阳离子型加聚反应，主要是碳九单体在催化剂的作用下，形成碳正离子活性中心，引发链式聚合，从而合成碳九石油树脂。

（2）主要设备　冷聚碳九树脂单元主要设备见表5-5。

表 5-5　冷聚碳九树脂单元主要设备

序号	名称	容积/m^3	操作压力/MPa	温度/℃	数量	介质
1	脱水塔	9.6	0.8	40	2	碳九/液
2	吸收塔	7.41	常压	45	1	碳九/液
3	第一聚合釜	12.3	0.01	50	1	碳九、树脂、催化剂/液
4	第二聚合釜	12.3	0.01	50	1	碳九、树脂、催化剂/液
5	第三聚合釜	12.5	微正压	55	1	碳九、树脂、催化剂/液
6	碱洗釜	14.82	常压	90	2	碳九、树脂、水等/液
7	水洗釜	14.82	常压	90	1	碳九、树脂、水等/液
8	抗氧剂配制釜	5.48	常压	80	1	抗氧剂/液
9	碱洗沉降罐	34.73	常压	—	1	碳九、水等(含少量碱水、催化剂等)/液
10	脱水罐	20.896	0.6	—	2	碳九、树脂、水等/液
11	聚合液罐	16.8	微正压	—	1	碳九、树脂、水等/液
12	碱洗后聚合液缓冲罐	5.106	0～0.09	—	1	碳九、水等(含少量碱水、催化剂等)/液
13	第一闪蒸罐	10.12	0.02	—	1	碳九、树脂、水等/液
14	一闪蒸汽凝液罐	0.963	4.1	—	1	4.0MPa 蒸汽、凝液/气、液
15	第二闪蒸罐	3.2	−0.1/0.35	—	1	碳九、树脂、水等/液
16	二闪分液罐	2.72	−0.1/0.35	—	1	碳九、树脂、水等/液
17	第三闪蒸罐	3.2	−0.1/0.35	—	1	碳九、树脂、水等/液
18	树脂液缓冲罐	10.5	−0.1/0.35	—	1	树脂/液
19	一闪凝液罐	1.9	0.02	—	1	碳九/液
20	二闪凝液罐Ⅰ	1.87	−0.1	—	1	碳九/液
21	二闪凝液罐Ⅱ	1.87	−0.1	—	1	碳九/液
22	三闪凝液罐	1.87	−0.1	—	1	碳九/液
23	二闪真空泵吸入罐	1.24	−0.1	—	1	废气/气
24	三闪真空泵吸入罐	1.24	−0.1	—	1	废气/气
25	真空泵排出罐	3.26	常压	—	1	废气/气
26	二闪蒸汽凝液罐	0.963	4.1	—	1	4.0MPa 蒸汽、凝液/气、液

续表

序号	名称	容积/m³	操作压力/MPa	温度/℃	数量	介质
27	三闪蒸汽凝液罐	0.96	4.1	—	1	4.0MPa 蒸汽、凝液/气、液
28	净化风罐	10.83	0.6	—	1	—
29	抗氧剂计量罐Ⅰ	4.5	0.01	—	1	熔融态抗氧剂/液
30	抗氧剂计量罐Ⅱ	4.5	0.01	—	1	熔融态抗氧剂/液
31	放空分液罐	17.9	0.6	—	1	放空气/气
32	原料冷却器	—	1.6/0.6/0.8	5.0/15	1	—
33	一聚外冷器	—	1.6/0.6/0.8	5.0/15	1	—
34	二聚外冷器	—	1.6/0.6/0.8	5.0/15	1	—
35	一闪预热器	—	5.0/4.0/4.4	250/245	1	—
36	一闪冷凝器	—	1.6/0.01/0.35	170/50	1	—
37	二闪预热器	—	5.0/4.4/4.4	250/249	1	—
38	二闪冷却器	—	1.38/ −0.08/−0.1	90/50	1	—
39	二闪后冷器	—	−0.1/ −0.08/−0.1	50/20	1	—
40	抽提蒸馏塔再沸器	—	5.0/4.0/4.4	250/249	1	—
41	三闪冷凝器	—	−0.1/ −0.95/−0.1	220/50	1	—
42	吸收液冷却器	—	1.6/0.45/ 0.63	33/43	1	—
43	真空泵后冷器	—	1.6/-0.95/ −0.1	50/20	1	—
44	二闪前冷凝器	—	1.15/ −0.08/−0.1	220/90	1	—

6. 碳九加氢工艺及设备

（1）工艺　采用自动化程度高，产品质量稳定的连续式生产工艺。主要包括以下系统：①脱重塔系统；②阻聚剂注入系统；③一段加氢反应器系统；④新鲜氢系统；⑤一段循环氢系统。

反应原理：碳九加氢反应主要是苯环支链上不饱和烃的加成反应，同时还伴随着歧化与烷基转移反应。第一段加氢主要使碳九组分中的二烯烃转化为单烯烃，将烯基芳烃转化为芳烃，以免烯烃聚合生胶。

（2）主要设备　碳九加氢单元主要设备见表5-6。

表5-6　碳九加氢单元主要设备一览表

序号	名称	容积/m^3	操作压力/MPa	温度/℃	数量	介质
1	脱重塔	—	−0.08(顶)，−0.06(底)	112(顶)，190(底)	1	碳九/混态
2	一段加氢反应器	—	4.0	100	1	氢气、碳九/混态
3	脱重塔回流罐	—	−0.08	40	1	碳九/液态
4	加氢进料缓冲罐	—	0.35	45	1	碳九/液态
5	脱重塔塔底蒸汽凝液罐	—	4.0	253	1	4.0MPa蒸气、凝液/混态
6	真空泵吸入罐	—	−0.09	40	1	碳九蒸气、空气/气态
7	真空泵排出罐	—	0.45	40	1	碳九蒸气、空气/气态
8	切水罐	0.24	−0.09/0.4	50	1	水/液态
9	高压闪蒸罐	—	3.7	200	1	氢气、循环油/混态
10	低压闪蒸罐	—	0.57	50	1	加氢油/液态
11	K-201A/B入口新鲜氢气液分离罐	—	2.0	50	1	氢气/气态
12	K-202A/B入口循环氢气液分离罐	—	3.6	50	1	氢气/气态
13	阻聚剂配料罐	—	0.2	43	1	阻聚剂/液态
14	天然气脱液罐	—	0.6	40	1	天然气/气态
15	火炬放空罐	—	0.05	50	1	放空气/气态
16	天然气脱液罐	2.71	0.6/1.0	40	1	—
17	一段循环氢压缩机	—	4.4	50	2	氢气/气态
18	脱重塔再沸器	—	3.6	32	2	—

7. 罐区

罐区主要担负原料、中间原料、辅助原料、化学品及产品的储存及转输。

共设置5个罐组和泵区，储罐65座，罐区总容积为39700m³，具体见表5-7。

表5-7 项目罐区储罐一览表

序号	介质名称	储罐体积/m³	储罐形式	装填系数	储罐数量	工况参数	
						温度/℃	压力/MPa
一	压力罐区(3010)						
1	间戊二烯	1000	球形	0.9	1	常温	0.30±0.05
2	间戊二烯	1000	球形	0.9	1	常温	0.30±0.05
3	抽余碳五	1000	球形	0.9	1	常温	0.30±0.05
4	抽余碳五	1000	球形	0.9	1	常温	0.30±0.05
5	未聚碳五	1000	球形	0.9	1	常温	0.30±0.05
6	未聚碳五	1000	球形	0.9	1	常温	0.30±0.05
7	未聚碳五	150	球形	0.9	1	常温	0.30±0.05
8	未聚碳五(等外品)	150	球形	0.9	1	常温	0.30±0.05
二	常压罐区(一)(3020)						
1	碳九原料	2000	内浮顶	0.9	1	常温	常压
2	碳九原料	2000	内浮顶	0.9	1	常温	常压
3	炭黑(乙烯焦油)	2000	拱顶	0.9	1	80	常压
4	炭黑(乙烯焦油)	2000	拱顶	0.9	1	80	常压
5	炭黑基础料	2000	拱顶	0.9	1	80	常压
6	炭黑基础料	2000	拱顶	0.9	1	80	常压
7	粗双环戊二烯	1000	内浮顶	0.9	1	常温	常压
8	粗双环戊二烯	1000	内浮顶	0.9	1	常温	常压
9	石油萘原料	2000	拱顶	0.9	1	60	常压
10	石油萘原料	2000	拱顶	0.9	1	60	常压
11	碳九重馏分	1000	拱顶	0.9	1	60	常压
12	碳九重馏分	1000	拱顶	0.9	1	60	常压
三	常压罐区(二)(3030)						
1	2＃热聚闪蒸油	300	内浮顶	0.8	1	50	常压
2	2＃热聚闪蒸油	300	内浮顶	0.8	1	50	常压
3	碳九冷聚二闪油	200	内浮顶	0.8	1	50	常压
4	1＃热聚重闪油	200	内浮顶	0.8	1	50	常压
5	备用罐(碳十重馏分)	200	内浮顶	0.8	1	50	常压
6	1＃热聚轻闪油	100	内浮顶	0.8	1	50	常压

续表

序号	介质名称	储罐体积/m^3	储罐形式	装填系数	储罐数量	工况参数	
						温度/℃	压力/MPa
7	碳九馏分	100	内浮顶	0.8	1	常温	常压
8	1♯热聚轻闪油	100	内浮顶	0.8	1	50	常压
9	碳九冷聚一闪油	100	内浮顶	0.8	1	50	常压
10	碳九冷聚一闪油	100	内浮顶	0.8	1	50	常压
11	碳九轻组分	100	内浮顶	0.8	1	常温	常压
12	碳九轻组分	200	内浮顶	0.8	1	常温	常压
13	碳九轻组分	200	内浮顶	0.8	1	常温	常压
14	茚类树脂油	200	内浮顶	0.8	1	50	常压
15	苯乙烯富集液	200	内浮顶	0.8	1	50	常压
16	茚类树脂油	200	内浮顶	0.8	1	50	常压
17	苯乙烯富集液	200	内浮顶	0.8	1	常温	常压
18	茚类树脂油	200	内浮顶	0.8	1	50	常压
19	甲基茚	200	内浮顶	0.8	1	50	常压
20	备用罐(碳十重馏分)	200	内浮顶	0.8	1	50	常压
21	双环富集液	200	内浮顶	0.8	1	40	常压
22	双环富集液	200	内浮顶	0.8	1	40	常压
四	常压罐区(三)(3040)						
1	石油萘	500	拱顶	0.9	1	90	常压
2	石油萘	500	拱顶	0.9	1	90	常压
3	碳九液体树脂	100	拱顶	0.8	1	50	常压
4	共聚液体树脂	100	拱顶	0.8	1	50	常压
5	碳五液体树脂	100	拱顶	0.8	1	50	常压
6	备用罐(深色碳九和碳五液体树脂混合物)	100	拱顶	0.8	1	50	常压
7	精甲双	100	内浮顶	0.8	1	50	常压
8	精甲双	100	内浮顶	0.8	1	50	常压
9	精双环戊二烯	500	内浮顶	0.8	1	40	常压
10	精双环戊二烯	500	内浮顶	0.8	1	40	常压
11	混二甲苯(加氢碳九)	700	内浮顶	0.9	1	常温	常压
12	混三甲苯(加氢碳九)	700	内浮顶	0.9	1	常温	常压
13	混三甲苯(加氢碳九)	700	内浮顶	0.9	1	常温	常压
14	混四甲苯(加氢碳九)	700	内浮顶	0.9	1	常温	常压
15	混四甲苯(加氢碳九)	700	内浮顶	0.9	1	常温	常压

续表

序号	介质名称	储罐体积/m^3	储罐形式	装填系数	储罐数量	工况参数	
						温度/℃	压力/MPa
16	加氢碳九	700	内浮顶	0.9	1	常温	常压
17	加氢碳九	700	内浮顶	0.9	1	常温	常压
五	辅助化学品罐区(3050)						
1	稀碱	500	拱顶	0.8	1	70	常压
2	热水	500	拱顶	0.8	1	70	常压
3	浓碱	200	拱顶	0.8	1	40	常压
4	废二甲苯	200	内浮顶	0.8	1	常温	常压
5	二甲苯	200	内浮顶	0.8	1	常温	常压
6	松节油(碳九重馏分)	200	内浮顶	0.8	1	30	常压

第二节　安全风险辨识

一、单元风险辨识

根据表4-4，××公司涉及聚合工艺、加氢工艺和储罐区。

碳五树脂装置、碳九冷聚树脂、碳五碳九共聚树脂装置的聚合反应过程属“聚合工艺”。碳九加氢装置的加氢反应为“加氢工艺”。有五个储罐区，分别是压力罐区、常压罐区（一）、常压罐区（二）、常压罐区（三）、辅助化学品罐区。

集合典型化工企业辨识和事故案例辨析结果，参照法律法规及行业标准等，结合所划分单元，根据危险部位及可能的作业活动，从事故危害大的危险工艺角度辨识了该公司潜在的风险模式，并提出与风险模式相对应的管控对策。此外，按照隐患排查内容、要求查找隐患，并对可能出现的违章违规行为、状态，利用在线监测监控系统摄取违章证据，最终形成安全风险与隐患违章信息表，样表见表5-8。

表 5-8 聚合工艺安全风险与隐患违规电子证据信息表

部位	安全风险评估与管控							隐患违规电子证据			
	作业或活动	风险模式	事故类别	事故后果	风险等级	风险管控措施	参考依据	隐患检查内容	判别方式	监测监控方式	监测监控部位
聚合釜	生产过程	周边未设置可燃气体报警器或设置不满足要求，易燃物料泄漏未能及时发现	火灾爆炸	人员伤亡、财产损失	A级	在使用或产生甲类气体或甲、乙A类液体的工艺装置、系统单元内，应按区域控制和重点控制相结合的原则，设置可燃气体报警系统。 可燃气体和有毒气体检测报警器的设置与报警值的设置应满足GB/T 50493要求，并独立于基本过程控制系统	《石油化工企业设计防火标准(2018年版)》(GB 50160—2008)	检查可燃气体和有毒气体检测报警器的设置	是否设置	参数监控	聚合釜
	生产过程	设备未采取静电接地，易燃物料泄漏遇静电火花	火灾爆炸	人员伤亡、财产损失	A级	对爆炸、火灾危险场所内可能产生静电危险的设备和管道，均应采取静电接地措施。 在聚烯烃树脂处理系统、输送系统应设置静电接地系统，不得出现不接地的孤立导体	《石油化工企业设计防火标准(2018年版)》(GB 50160—2008)	设备管道是否采取静电接地措施	是否设置	视频监控	
	生产过程	未设置自动化控制系统，未设置相关安全控制及联锁，设备超温、超压	火灾爆炸	人员伤亡、财产损失	A级	企业涉及重点监管的危险化工工艺装置，应装设自动化控制系统；涉及危险化工工艺的大型化工装置应装设紧急停车系统，并应正常投入使用。 危险化工工艺的安全控制应按照重点监管的危险化工工艺安全控制要求、重点监控参数及推荐的控制方案的要求，并结合HAZOP分析结果进行设置	《危险化学品企业安全风险隐患排查治理导则》(应急[2019]78号)	是否装设自动化控制系统、紧急停车系统	是否设置	参数监控	

续表

部位	安全风险评估与管控							隐患违规电子证据			
	作业或活动	风险模式	事故类别	事故后果	风险等级	风险管控措施	参考依据	隐患检查内容	判别方式	监测监控方式	监测监控部位
聚合釜	生产过程	泄爆泄压过程伤人	其他	人员伤害	B级	泄爆泄压装置、设施的出口应朝向人员不易到达的位置	《危险化学品企业安全风险隐患排查治理导则》(应急[2019]78号)	出口朝向		视频监控	聚合釜
	生产过程	未设置安全泄放装置或设置不合理,设备超压	火灾爆炸	人员伤亡、财产损失	A级	在非正常条件下,可能超压的下列设备应设安全阀: 1. 顶部最高操作压力大于等于0.1MPa的压力容器; 2. 可燃气体或液体受热膨胀,可能超过设计压力的设备; 3. 顶部最高操作压力为0.03~0.1MPa的设备应根据工艺要求设置。 有可能被物料堵塞或腐蚀的安全阀,在安全阀前应设爆破片或在其出入口管道上采取吹扫、加热或保温等防堵措施。 有突然超压或发生瞬时分解爆炸危险物料的反应设备,如设安全阀不能满足要求时,应装爆破片或爆破片和导爆管,导爆管口必须朝向无火源的安全方向;必要时应采取防止二次爆炸、火灾的措施。 在用安全阀进出口切断阀应全开,并采取铅封或锁定;爆破片应正常投用	《石油化工企业设计防火标准(2018年版)》(GB 50160—2008) 《安全阀安全技术监察规程》(TSG ZF001—2006)	是否设置安全泄放装置,装置设置是否符合要求	是否设置	视频监控	

续表

部位	安全风险评估与管控							隐患违规电子证据			
	作业或活动	风险模式	事故类别	事故后果	风险等级	风险管控措施	参考依据	隐患检查内容	判别方式	监测监控方式	监测监控部位
聚合釜	生产过程	压力表选择不当，显示异常，设备超压	火灾爆炸	人员伤亡、财产损失	B级	压力表的选型应符合TSG 21第9.2.1条相关要求，压力范围及检定标记明显	《固定式压力容器安全技术监察规程》(TSG 21—2016)	是否有压力范围及检定标记		视频监控	聚合釜
	生产过程	未设置报警信号、泄压排放设施和紧急切断进料设施，设备超压	火灾爆炸	人员伤亡、财产损失	A级	因物料爆聚、分解造成超温、超压，可能引起火灾、爆炸的反应设备应设报警信号和泄压排放设施，以及自动或手动遥控的紧急切断进料设施	《石油化工企业设计防火标准(2018年版)》(GB 50160—2008)	是否设报警信号和泄压排放设施，以及自动或手动遥控的紧急切断进料设施	是否设置	视频监控、参数监控	
	生产过程	易燃物料泄漏	火灾爆炸	人员伤亡、财产损失	A级	企业应对设备定期进行巡回检查，并建立设备定期检查记录。 定期对涉及液态烃、高温油等泄漏后果严重的部位(如管道、设备、机泵等动、静密封点)进行泄漏检测，对泄漏部位及时维修或更换	《国家安全监管总局关于加强化工企业泄漏管理的指导意见》(安监总管三[2014]94号)	是否进行泄漏检测	是否检测	视频监控、检查记录	
	生产过程	人员操作失误	火灾爆炸	人员伤亡、财产损失	A级	企业应根据生产特点编制工艺卡片，工艺卡片应与操作规程中的工艺控制指标一致。 企业应定期对岗位人员开展操作规程培训和考核。 现场表指示数值、DCS控制值与工艺卡片控制值应保持一致	《关于加强化工过程安全管理的指导意见》(安监总管三[2013]88号)	是否编制工艺卡片、开展操作规程培训和考核		视频监控、检查记录	

续表

部位	安全风险评估与管控							隐患违规电子证据			
	作业或活动	风险模式	事故类别	事故后果	风险等级	风险管控措施	参考依据	隐患检查内容	判别方式	监测监控方式	监测监控部位
聚合釜	生产过程	未配置安全仪表系统或未开展安全仪表功能评估，设备控制失效	火灾爆炸	人员伤亡、财产损失	A级	对涉及“两重点一重大”的需要配置安全仪表系统的化工装置应开展安全仪表功能评估	《国家安全监管总局关于加强化工安全仪表系统管理的指导意见》（安监总管三[2014]116号）	是否开展安全仪表功能评估		检查记录	聚合釜
	生产过程	未设置不间断电源，突然断电导致设备超温、超压	火灾爆炸	人员伤亡、财产损失	A级	化工生产装置自动化控制系统应设置不间断电源，可燃有毒气体检测报警系统应设置不间断电源，后备电池的供电时间不小于30min	《仪表供电设计规范》（HG/T 20509—2014）	是否设置不间断电源		视频监控	
	生产过程	防爆等级不够，易燃物料泄漏	火灾爆炸	人员伤亡、财产损失	A级	爆炸危险场所的仪表、仪表线路的防爆等级应满足区域的防爆要求	《爆炸危险环境电力装置设计规范》（GB 50058—2014）	防爆等级是否符合要求		检查记录	

续表

部位	安全风险评估与管控							隐患违规电子证据			
	作业或活动	风险模式	事故类别	事故后果	风险等级	风险管控措施	参考依据	隐患检查内容	判别方式	监测监控方式	监测监控部位
聚合釜	检修过程	进入塔器检维修,未进行有限空间相关审批	中毒窒息	人员伤亡	B级	企业应建立并不断完善危险作业许可制度,规范动火、进入受限空间、动土、临时用电、高处作业、断路、吊装、抽堵盲板等特殊作业的安全条件和审批程序。 实施特殊作业前,必须进行安全风险分析、确认安全条件,确保作业人员了解作业安全风险和掌握风险控制措施	《关于加强化工过程安全管理的指导意见》(安监总管三[2013]88号)	是否进行作业审批		检查记录	聚合釜
	检修过程	检修平台防护缺失或不当,人员失误	高处坠落	人员伤亡	C级	固定式钢平台、钢直梯、钢斜梯及防护栏杆未按相关要求设置	《固定式钢梯及平台安全要求》(GB 4053.1～4053.3—2009)	是否设置防护措施		视频监控	
闪蒸塔	生产过程	周边未设置可燃气体报警器或设置不满足要求,易燃物料泄漏未能及时发现	火灾爆炸	人员伤亡、财产损失	A级	在使用或产生甲类气体或甲、乙A类液体的工艺装置、系统单元内,应按区域控制和重点控制相结合的原则,设置可燃气体报警系统。 可燃气体和有毒气体检测报警器的设置与报警值的设置应满足GB/T 50493要求,并独立于基本过程控制系统	《石油化工企业设计防火标准(2018年版)》(GB 50160—2008)	检查可燃气体和有毒气体检测报警器的设置	是否设置	参数监控	闪蒸塔

续表

部位	安全风险评估与管控							隐患违规电子证据			
	作业或活动	风险模式	事故类别	事故后果	风险等级	风险管控措施	参考依据	隐患检查内容	判别方式	监测监控方式	监测监控部位
闪蒸塔	生产过程	设备未采取静电接地，易燃物料泄漏遇静电火花	火灾爆炸	人员伤亡、财产损失	A级	对爆炸、火灾危险场所内可能产生静电危险的设备和管道，均应采取静电接地措施。 在聚烯烃树脂处理系统、输送系统应设置静电接地系统，不得出现不接地的孤立导体	《石油化工企业设计防火标准(2018年版)》(GB 50160—2008)	设备管道是否采取静电接地措施	是否设置	视频监控	闪蒸塔
	生产过程	未设置自动化控制系统，未设置相关安全控制及联锁，设备超温、超压	火灾爆炸	人员伤亡、财产损失	A级	企业涉及重点监管的危险化工工艺装置，应装设自动化控制系统；涉及危险化工工艺的大型化工装置应装设紧急停车系统，并应正常投入使用。 危险化工工艺的安全控制应按照重点监管的危险化工工艺安全控制要求、重点监控参数及推荐的控制方案的要求，并结合HAZOP分析结果进行设置	《危险化学品企业安全风险隐患排查治理导则》(应急[2019]78号)	《危险化学品企业安全风险隐患排查治理导则》(应急[2019]78号)	是否装设自动化控制系统、紧急停车系统	是否设置	
	生产过程	未设置安全泄放装置或设置不合理，设备超压	火灾爆炸	人员伤亡、财产损失	A级	在非正常条件下，可能超压的下列设备应设安全阀： 1. 顶部最高操作压力大于等于0.1MPa的压力容器； 2. 可燃气体或液体受热膨胀，可能超过设计压力的设备；	《石油化工企业设计防火标准(2018年版)》(GB 50160—2008) 《安全阀安全技术监察规程》(TSG ZF001—2006)	是否设置安全泄放装置，装置设置是否符合要求	是否设置	视频监控	

续表

部位	安全风险评估与管控							隐患违规电子证据			
	作业或活动	风险模式	事故类别	事故后果	风险等级	风险管控措施	参考依据	隐患检查内容	判别方式	监测监控方式	监测监控部位
闪蒸塔	生产过程	未设置安全泄放装置或设置不合理，设备超压	火灾爆炸	人员伤亡、财产损失	A级	3. 顶部最高操作压力为0.03～0.1MPa的设备应根据工艺要求设置。 有可能被物料堵塞或腐蚀的安全阀，在安全阀前应设爆破片或在其出入口管道上采取吹扫、加热或保温等防堵措施。 有突然超压或发生瞬时分解爆炸危险物料的反应设备，如设安全阀不能满足要求时，应装爆破片或爆破片和导爆管，导爆管口必须朝向无火源的安全方向；必要时应采取防止二次爆炸、火灾的措施。 在用安全阀进出口切断阀应全开，并采取铅封或锁定；爆破片应正常投用	《石油化工企业设计防火标准(2018年版)》(GB 50160—2008) 《安全阀安全技术监察规程》(TSG ZF001—2006)	是否设置安全泄放装置，装置设置是否符合要求	是否设置	视频监控	闪蒸塔
	生产过程	未配置安全仪表系统或未开展安全仪表功能评估，设备控制失效	火灾爆炸	人员伤亡、财产损失	A级	对涉及“两重点一重大”的需要配置安全仪表系统的化工装置应开展安全仪表功能评估	《国家安全监管总局关于加强化工安全仪表系统管理的指导意见》(安监总管三[2014]116号)	是否开展安全仪表功能评估		检查记录	

续表

部位	安全风险评估与管控							隐患违规电子证据			
	作业或活动	风险模式	事故类别	事故后果	风险等级	风险管控措施	参考依据	隐患检查内容	判别方式	监测监控方式	监测监控部位
闪蒸塔	生产过程	未设置不间断电源，突然断电导致设备超温、超压	火灾爆炸	人员伤亡、财产损失	A级	化工生产装置自动化控制系统应设置不间断电源，可燃有毒气体检测报警系统应设置不间断电源，后备电池的供电时间不小于30min	《仪表供电设计规范》(HG/T 20509—2014)	是否设置不间断电源		视频监控	闪蒸塔
	生产过程	防爆等级不够，易燃物料泄漏	火灾爆炸	人员伤亡、财产损失	A级	爆炸危险场所的仪表、仪表线路的防爆等级应满足区域的防爆要求	《爆炸危险环境电力装置设计规范》(GB 50058—2014)	防爆等级是否符合要求		检查记录	
	生产过程	压力表选择不当，显示异常，设备超压	火灾爆炸	人员伤亡、财产损失	A级	压力表的选型应符合TSG 21第9.2.1条相关要求，压力范围及检定标记明显	《固定式压力容器安全技术监察规程》(TSG 21—2016)	是否有压力范围及检定标记		视频监控	
	生产过程	易燃物料泄漏	火灾爆炸	人员伤亡、财产损失	A级	企业应对设备定期进行巡回检查，并建立设备定期检查记录。 定期对涉及液态烃、高温油等泄漏后果严重的部位(如管道、设备、机泵等动、静密封点)进行泄漏检测，对泄漏部位及时维修或更换	《国家安全监管总局关于加强化工企业泄漏管理的指导意见》(安监总管三[2014]94号)	是否进行泄漏检测	是否检测	视频监控、检查记录	

续表

部位	安全风险评估与管控							隐患违规电子证据			
	作业或活动	风险模式	事故类别	事故后果	风险等级	风险管控措施	参考依据	隐患检查内容	判别方式	监测监控方式	监测监控部位
闪蒸塔	检修过程	进入塔器检维修，未进行有限空间相关审批	中毒窒息	人员伤亡	B级	企业应建立并不断完善危险作业许可制度，规范动火、进入受限空间、动土、临时用电、高处作业、断路、吊装、抽堵盲板等特殊作业的安全条件和审批程序。 实施特殊作业前，必须进行安全风险分析、确认安全条件，确保作业人员了解作业安全风险和掌握风险控制措施	《关于加强化工过程安全管理的指导意见》（安监总管三[2013]88号）	是否进行作业审批		检查记录	闪蒸塔
	检修过程	检修平台防护缺失或不当，人员失误	高处坠落	人员伤亡	C级	固定式钢平台、钢直梯、钢斜梯及防护栏杆未按相关要求设置。	《固定式钢梯及平台安全要求》(GB 4053.1～4053.3—2009)	是否设置防护措施		视频监控	
脱水塔	生产过程	周边未设置可燃气体报警器或设置不满足要求，易燃物料泄漏未能及时发现	火灾爆炸	人员伤亡、财产损失	A级	在使用或产生甲类气体或甲、乙A类液体的工艺装置、系统单元内，应按区域控制和重点控制相结合的原则，设置可燃气体报警系统。 可燃气体和有毒气体检测报警器的设置与报警值的设置应满足GB/T 50493要求，并独立于基本过程控制系统	《石油化工企业设计防火标准(2018年版)》(GB 50160—2008)	检查可燃气体和有毒气体检测报警器的设置	是否设置	参数监控	脱水塔

续表

部位	安全风险评估与管控							隐患违规电子证据			
	作业或活动	风险模式	事故类别	事故后果	风险等级	风险管控措施	参考依据	隐患检查内容	判别方式	监测监控方式	监测监控部位
脱水塔	生产过程	设备未采取静电接地，易燃物料泄漏遇静电火花	火灾爆炸	人员伤亡、财产损失	A级	对爆炸、火灾危险场所内可能产生静电危险的设备和管道，均应采取静电接地措施。 在聚烯烃树脂处理系统、输送系统应设置静电接地系统，不得出现不接地的孤立导体	《石油化工企业设计防火标准(2018年版)》(GB 50160—2008)	设备管道是否采取静电接地措施	是否设置	视频监控	脱水塔
	生产过程	未设置安全泄放装置或设置不合理，设备超压	火灾爆炸	人员伤亡、财产损失	A级	在非正常条件下，可能超压的下列设备应设安全阀： 1. 顶部最高操作压力大于等于0.1MPa的压力容器； 2. 可燃气体或液体受热膨胀，可能超过设计压力的设备。 有可能被物料堵塞或腐蚀的安全阀，在安全阀前应设爆破片或在其出入口管道上采取吹扫、加热或保温等防堵措施。 有突然超压或发生瞬时分解爆炸危险物料的反应设备，如设安全阀不能满足要求时，应装爆破片或爆破片和导爆管，导爆管口必须朝向无火源的安全方向；必要时应采取防止二次爆炸、火灾的措施。 在用安全阀进出口切断阀应全开，并采取铅封或锁定；爆破片应正常投用	《石油化工企业设计防火标准(2018年版)》(GB 50160—2008) 《安全阀安全技术监察规程》(TSG ZF001—2006)	是否设置安全泄放装置，装置设置是否符合要求	是否设置	视频监控	

续表

部位	安全风险评估与管控							隐患违规电子证据			
	作业或活动	风险模式	事故类别	事故后果	风险等级	风险管控措施	参考依据	隐患检查内容	判别方式	监测监控方式	监测监控部位
脱水塔	生产过程	压力表选择不当，显示异常，设备超压	火灾爆炸	人员伤亡、财产损失	A级	压力表的选型应符合TSG 21第9.2.1条相关要求，压力范围及检定标记明显	《固定式压力容器安全技术监察规程》（TSG 21—2016）	是否有压力范围及检定标记		视频监控	脱水塔
	生产过程	易燃物料泄漏	火灾爆炸	人员伤亡、财产损失	A级	企业应对设备定期进行巡回检查，并建立设备定期检查记录。 定期对涉及液态烃、高温油等泄漏后果严重的部位（如管道、设备、机泵等动、静密封点）进行泄漏检测，对泄漏部位及时维修或更换	《国家安全监管总局关于加强化工企业泄漏管理的指导意见》（安监总管三[2014]94号）				
	检修过程	进入塔器检维修，未进行有限空间相关审批	中毒窒息	人员伤亡	B级	企业应建立并不断完善危险作业许可制度，规范动火、进入受限空间、动土、临时用电、高处作业、断路、吊装、抽堵盲板等特种作业的安全条件和审批程序。 实施特种作业前，必须进行安全风险分析、确认安全条件，确保作业人员了解作业安全风险和掌握风险控制措施	《关于加强化工过程安全管理的指导意见》（安监总管三[2013]88号）	是否进行泄漏检测	是否检测	视频监控、检查记录	
聚合冷却器	生产过程	周边未设置可燃气体报警器或设置不满足要求，易燃物料泄漏未能及时发现	火灾爆炸	人员伤亡、财产损失	A级	在使用或产生甲类气体或甲、乙A类液体的工艺装置、系统单元内，应按区域控制和重点控制相结合的原则，设置可燃气体报警系统	《石油化工企业设计防火标准（2018年版）》（GB 50160—2008）	检查可燃气体和有毒气体检测报警器的设置	是否设置	参数监控	聚合冷却器

续表

部位	安全风险评估与管控							隐患违规电子证据			
	作业或活动	风险模式	事故类别	事故后果	风险等级	风险管控措施	参考依据	隐患检查内容	判别方式	监测监控方式	监测监控部位
聚合冷却器	生产过程	周边未设置可燃气体报警器或设置不满足要求，易燃物料泄漏未能及时发现	火灾爆炸	人员伤亡、财产损失	A级	可燃气体和有毒气体检测报警器的设置与报警值的设置应满足GB/T 50493要求，并独立于基本过程控制系统	《石油化工企业设计防火标准(2018年版)》(GB 50160—2008)	检查可燃气体和有毒气体检测报警器的设置	是否设置	参数监控	聚合冷却器
	生产过程	设备未采取静电接地，易燃物料泄漏遇静电火花	火灾爆炸	人员伤亡、财产损失	A级	对爆炸、火灾危险场所内可能产生静电危险的设备和管道，均应采取静电接地措施。 在聚烯烃树脂处理系统、输送系统应设置静电接地系统，不得出现不接地的孤立导体	《石油化工企业设计防火标准(2018年版)》(GB 50160—2008)	设备管道是否采取静电接地措施	是否设置	视频监控	
	生产过程	未设置自动化控制系统，未设置相关安全控制及联锁，设备超温、超压	火灾爆炸	人员伤亡、财产损失	A级	企业涉及重点监管的危险化工工艺装置，应装设自动化控制系统；涉及危险化工工艺的大型化工装置应装设紧急停车系统，并应正常投入使用。 危险化工工艺的安全控制应按照重点监管的危险化工工艺安全控制要求、重点监控参数及推荐的控制方案的要求，并结合HAZOP分析结果进行设置	《危险化学品企业安全风险隐患排查治理导则》(应急[2019]78号)	是否装设自动化控制系统、紧急停车系统	是否设置	参数监控	

续表

部位	安全风险评估与管控							隐患违规电子证据			
	作业或活动	风险模式	事故类别	事故后果	风险等级	风险管控措施	参考依据	隐患检查内容	判别方式	监测监控方式	监测监控部位
聚合冷却器	生产过程	泄爆泄压过程伤人	物体打击	人员伤害	B级	泄爆泄压装置、设施的出口应朝向人员不易到达的位置	《危险化学品企业安全风险隐患排查治理导则》(应急[2019]78号)	泄爆、泄压设施的出口朝向		视频监控	聚合冷却器
	生产过程	未设置安全泄放装置或设置不合理，设备超压	火灾爆炸	人员伤亡、财产损失	A级	在非正常条件下，可能超压的下列设备应设安全阀： 1. 顶部最高操作压力大于等于0.1MPa的压力容器； 2. 可燃气体或液体受热膨胀，可能超过设计压力的设备； 3. 顶部最高操作压力为0.03～0.1MPa的设备应根据工艺要求设置。 有可能被物料堵塞或腐蚀的安全阀，在安全阀前应设爆破片或在其出入口管道上采取吹扫、加热或保温等防堵措施。 有突然超压或发生瞬时分解爆炸危险物料的反应设备，如设安全阀不能满足要求时，应装爆破片或爆破片和导爆管，导爆管口必须朝向无火源的安全方向；必要时应采取防止二次爆炸、火灾的措施。 在用安全阀进出口切断阀应全开，并采取铅封或锁定；爆破片应正常投用	《石油化工企业设计防火标准(2018年版)》(GB 50160—2008) 《安全阀安全技术监察规程》(TSG ZF001—2006)	是否设置安全泄放装置，装置设置是否符合要求	是否设置	视频监控	

续表

部位	安全风险评估与管控							隐患违规电子证据			
	作业或活动	风险模式	事故类别	事故后果	风险等级	风险管控措施	参考依据	隐患检查内容	判别方式	监测监控方式	监测监控部位
聚合冷却器	生产过程	压力表选择不当，显示异常，设备超压	火灾爆炸	人员伤亡、财产损失	A级	压力表的选型应符合TSG 21第9.2.1条相关要求，压力范围及检定标记明显	《固定式压力容器安全技术监察规程》(TSG 21—2016)	是否有压力范围及检定标记		视频监控	聚合冷却器
	生产过程	未设置不间断电源，突然断电导致设备超温、超压	火灾爆炸	人员伤亡、财产损失	A级	化工生产装置自动化控制系统应设置不间断电源，可燃有毒气体检测报警系统应设置不间断电源，后备电池的供电时间不小于30min	《仪表供电设计规范》(HG/T 20509—2014)	是否设置不间断电源		视频监控	
	生产过程	防爆等级不够，易燃物料泄漏	火灾爆炸	人员伤亡、财产损失	A级	爆炸危险场所的仪表、仪表线路的防爆等级应满足区域的防爆要求	《爆炸危险环境电力装置设计规范》(GB 50058—2014)	防爆等级是否符合要求		检查记录	
	生产过程	未设置报警信号、泄压排放设施和紧急切断进料设施，设备超压	火灾爆炸	人员伤亡、财产损失	A级	因物料爆聚、分解造成超温、超压，可能引起火灾、爆炸的反应设备应设报警信号和泄压排放设施，以及自动或手动遥控的紧急切断进料设施	《石油化工企业设计防火标准(2018年版)》(GB 50160—2008)	是否设报警信号和泄压排放设施，以及自动或手动遥控的紧急切断进料设施	是否设置	视频监控、参数监控	

续表

部位	安全风险评估与管控							隐患违规电子证据			
	作业或活动	风险模式	事故类别	事故后果	风险等级	风险管控措施	参考依据	隐患检查内容	判别方式	监测监控方式	监测监控部位
聚合冷却器	检修过程	检修平台防护缺失或不当，人员失误	高处坠落	人员伤亡	C级	固定式钢平台、钢直梯、钢斜梯及防护栏杆未按相关要求设置	《固定式钢梯及平台安全要求》(GB 4053.1～4053.3—2009)	是否设置防护措施		视频监控	聚合冷却器
三氟化硼储罐	生产过程	设备腐蚀，导致泄漏	中毒	人员伤亡	A级	企业应对设备定期进行巡回检查，并建立设备定期检查记录。 企业应加强防腐蚀管理，确定检查部位，定期检测，定期评估防腐效果	《国家安全监管总局关于加强化工企业泄漏管理的指导意见》(安监总管三[2014]94号)	是否有定期检测		检查记录	三氟化硼储罐
	生产过程	未设置不间断电源，突然断电导致设备超压	中毒	人员伤亡	A级	化工生产装置自动化控制系统应设置不间断电源	《仪表供电设计规范》(HG/T 20509—2014)	是否设置不间断电源		视频监控	
碱洗釜	生产过程	设备腐蚀，导致泄漏	火灾爆炸	人员伤亡、财产损失	A级	企业应对设备定期进行巡回检查，并建立设备定期检查记录。 企业应加强防腐蚀管理，确定检查部位，定期检测，定期评估防腐效果	《国家安全监管总局关于加强化工企业泄漏管理的指导意见》(安监总管三[2014]94号)	是否有定期检测		检查记录	碱洗釜
氨水储罐	生产过程	设备腐蚀，导致泄漏	火灾爆炸、中毒	人员伤亡、财产损失	A级	企业应对设备定期进行巡回检查，并建立设备定期检查记录。 企业应加强防腐蚀管理，确定检查部位，定期检测，定期评估防腐效果	《国家安全监管总局关于加强化工企业泄漏管理的指导意见》(安监总管三[2014]94号)	是否有定期检测		检查记录	氨水储罐

续表

部位	安全风险评估与管控							隐患违规电子证据			
	作业或活动	风险模式	事故类别	事故后果	风险等级	风险管控措施	参考依据	隐患检查内容	判别方式	监测监控方式	监测监控部位
碱水收集罐	生产过程	设备腐蚀，导致泄漏	化学灼烫	人员伤亡	C级	企业应对设备定期进行巡回检查，并建立设备定期检查记录。 企业应加强防腐蚀管理，确定检查部位，定期检测，定期评估防腐效果	《国家安全监管总局关于加强化工企业泄漏管理的指导意见》（安监总管三[2014]94号）	是否有定期检测		检查记录	碱水收集罐
闪蒸加热器	生产过程	易燃物料泄漏	火灾爆炸	人员伤亡、财产损失	A级	企业应对设备定期进行巡回检查，并建立设备定期检查记录。 定期对涉及液态烃、高温油等泄漏后果严重的部位（如管道、设备、机泵等动、静密封点）进行泄漏检测，对泄漏部位及时维修或更换	《国家安全监管总局关于加强化工企业泄漏管理的指导意见》（安监总管三[2014]94号）	是否有定期检测		检查记录	闪蒸加热器
闪蒸冷凝器	生产过程	设备未采取静电接地，易燃物料泄漏遇静电火花	火灾爆炸	人员伤亡、财产损失	A级	对爆炸、火灾危险场所内可能产生静电危险的设备和管道，均应采取静电接地措施。 在聚烯烃树脂处理系统、输送系统应设置静电接地系统，不得出现不接地的孤立导体	《石油化工企业设计防火标准(2018年版)》（GB 50160—2008）	设备管道是否采取静电接地措施	是否设置	视频监控	闪蒸冷凝器

续表

部位	安全风险评估与管控							隐患违规电子证据			
	作业或活动	风险模式	事故类别	事故后果	风险等级	风险管控措施	参考依据	隐患检查内容	判别方式	监测监控方式	监测监控部位
闪蒸冷凝器	生产过程	未设置安全泄放装置或设置不合理,设备超压	火灾爆炸	人员伤亡、财产损失	A级	在非正常条件下,可能超压的下列设备应设安全阀: 1. 顶部最高操作压力大于等于0.1MPa的压力容器; 2. 可燃气体或液体受热膨胀,可能超过设计压力的设备; 3. 顶部最高操作压力为0.03～0.1MPa的设备应根据工艺要求设置。 有可能被物料堵塞或腐蚀的安全阀,在安全阀前应设爆破片或在其出入口管道上采取吹扫、加热或保温等防堵措施。 有突然超压或发生瞬时分解爆炸危险物料的反应设备,如设安全阀不能满足要求时,应装爆破片或爆破片和导爆管,导爆管口必须朝向无火源的安全方向;必要时应采取防止二次爆炸、火灾的措施。 在用安全阀进出口切断阀应全开,并采取铅封或锁定;爆破片应正常投用	《石油化工企业设计防火标准(2018年版)》(GB 50160—2008) 《安全阀安全技术监察规程》(TSG ZF001—2006)	是否设置安全泄放装置,装置设置是否符合要求	是否设置	视频监控	闪蒸冷凝器

续表

部位	安全风险评估与管控							隐患违规电子证据			
	作业或活动	风险模式	事故类别	事故后果	风险等级	风险管控措施	参考依据	隐患检查内容	判别方式	监测监控方式	监测监控部位
闪蒸冷凝器	生产过程	压力表选择不当，显示异常，设备超压	火灾爆炸	人员伤亡、财产损失	A级	压力表的选型应符合TSG 21第9.2.1条相关要求，压力范围及检定标记明显	《固定式压力容器安全技术监察规程》（TSG 21—2016）	是否有压力范围及检定标记		视频监控	闪蒸冷凝器
	生产过程	易燃物料泄漏	火灾爆炸	人员伤亡、财产损失	A级	企业应对设备定期进行巡回检查，并建立设备定期检查记录。定期对涉及液态烃、高温油等泄漏后果严重的部位（如管道、设备、机泵等动、静密封点）进行泄漏检测，对泄漏部位及时维修或更换	《国家安全监管总局关于加强化工企业泄漏管理的指导意见》（安监总管三[2014]94号）	是否有定期检测		检查记录	
	生产过程	防爆等级不够，易燃物料泄漏	火灾爆炸	人员伤亡、财产损失	A级	爆炸危险场所的仪表、仪表线路的防爆等级应满足区域的防爆要求	《爆炸危险环境电力装置设计规范》（GB 50058—2014）	防爆等级是否符合要求		检查记录	
储罐	生产过程	安全附件未设或损坏	火灾爆炸	人员伤亡、财产损失	A级	企业应对储罐呼吸阀（液压安全阀）、阻火器、泡沫发生器、液位计、通气管等安全附件按规范设置，并定期检查或检测，填写检查维护记录	《国家安全监管总局关于进一步加强化学品罐区安全管理的通知》（安监总管三[2014]68号）	是否有定期检测		检查记录	储罐 装卸台 隔油池 变配电室 中控室
	生产过程	管道连接处脱落，易燃液体泄漏	火灾爆炸	人员伤亡、财产损失	A级	可燃液体地上储罐的进出口管道应采用柔性连接。储罐的进料管应从罐体下部接入；若必须从上部接入，宜延伸至距罐底200mm处	《石油化工企业设计防火标准（2018年版）》（GB50160—2008）	管道连接设置		视频监控	

续表

部位	安全风险评估与管控							隐患违规电子证据			
	作业或活动	风险模式	事故类别	事故后果	风险等级	风险管控措施	参考依据	隐患检查内容	判别方式	监测监控方式	监测监控部位
储罐	生产过程	液位报警信号仪表未单独设置，传送至自动控制系统，储罐抽瘪或满溢	火灾爆炸	人员伤亡、财产损失	B级	可燃液体的储罐应设液位计和高液位报警器，必要时可设自动联锁切断进料设施；并宜设自动脱水器。 罐区储罐高高、低低液位报警信号的液位测量仪表应采用单独的液位连续测量仪表或液位开关，报警信号应传送至自动控制系统	《石油化工储运系统罐区设计规范》(SH/T 3007—2014)	是否设置液位报警		参数监控	储罐 装卸台 隔油池 变配电室 中控室
	生产过程	静电集聚，遇易燃液体泄漏	火灾爆炸	人员伤亡、财产损失	A级	在生产加工、储运过程中，设备、管道、操作工具等，有可能产生和积聚静电而造成静电危害时，应采取静电接地措施。 可燃液体储罐的温度、液位等测量装置应采用铠装电缆或钢管配线，电缆外皮或配线钢管与罐体应做电气连接。 储罐的进料管应从罐体下部接入；若必须从上部接入，宜延伸至距罐底200mm处	《石油化工企业设计防火标准(2018年版)》(GB 50160—2008) 《石油化工静电接地设计规范》(SH/T 3097—2017)	是否采取静电接地措施		视频监控	
	生产过程	超压破坏	火灾爆炸	人员伤亡、财产损失	A级	甲B、乙类液体的固定顶罐应设阻火器和呼吸阀；对于采用氮气或其他气体气封的甲B、乙类液体的储罐还应设置事故泄压设备。 常压固定顶罐的罐顶应采用弱顶结构或采取其他泄压措施	《石油化工企业设计防火标准(2018年版)》(GB 50160—2008)	是否采取泄压措施		视频监控	

续表

部位	安全风险评估与管控							隐患违规电子证据			
	作业或活动	风险模式	事故类别	事故后果	风险等级	风险管控措施	参考依据	隐患检查内容	判别方式	监测监控方式	监测监控部位
装卸台	生产过程	装卸管脱落导致易燃物料泄漏	火灾爆炸	人员伤亡、财产损失	A级	建立危险化学品装卸管理制度，明确作业前、作业中和作业结束后各个环节的安全要求。 站内无缓冲罐时，在距装卸车鹤位10m以外的装卸管道上应设便于操作的紧急切断阀	《石油化工企业设计防火标准(2018年版)》(GB 50160—2008)	是否设置紧急切断阀		视频监控	储罐 装卸台 隔油池 变配电室 中控室
装卸台	生产过程	静电集聚，遇易燃液体泄漏	火灾爆炸	人员伤亡、财产损失	A级	甲B、乙、丙A类液体的装车应采用液下装车鹤管。 汽车罐车和装卸栈台应设静电专用接地线	《石油化工企业设计防火标准(2018年版)》(GB 50160—2008)	是否采取静电接地措施		视频监控	
隔油池	生产过程	含油污水泄漏、挥发	火灾爆炸	人员伤亡、财产损失	B级	隔油池的保护高度不应小于400mm。隔油池应设难燃烧材料的盖板。 隔油池的进出水管道应设水封。距隔油池池壁5m以内的水封井、检查井的井盖与盖座接缝处应密封，且井盖不得有孔洞	《石油化工企业设计防火标准(2018年版)》(GB 50160—2008)	隔油池设置情况		视频监控	
变配电室	生产过程	设备漏电，人员接触	触电	人员伤亡	B级	电气设备的安全性能，应满足以下要求： 1. 设备的金属外壳应采取防漏电保护接地； 2. 接地线不得搭接或串接，接线规范、接触可靠；	《电气装置安装工程接地装置施工及验收规范》(GB 50169—2016)	设备接地情况		视频监控	

续表

部位	安全风险评估与管控							隐患违规电子证据			
	作业或活动	风险模式	事故类别	事故后果	风险等级	风险管控措施	参考依据	隐患检查内容	判别方式	监测监控方式	监测监控部位
变配电室	生产过程	设备漏电，人员接触	触电	人员伤亡	B级	3. 明设的应沿管道或设备外壳敷设，暗设的在接线处外部应有接地标志； 4. 接地线接线间不得涂漆或加绝缘垫	《电气装置安装工程接地装置施工及验收规范》(GB 50169—2016)	设备接地情况		视频监控	储罐 装卸台 隔油池 变配电室 中控室
	生产过程	电缆火灾	火灾	人员伤亡、财产损失	B级	电缆必须有阻燃措施；电缆桥架符合相关设计规范	《电力工程电缆设计规范》(GB 50217—2018)	是否有阻燃措施		视频监控	
中控室	生产过程	设备漏电，人员接触	触电	人员伤亡	B级	电气设备的安全性能，应满足以下要求： 1. 设备的金属外壳应采取防漏电保护接地； 2. 接地线不得搭接或串接，接线规范、接触可靠； 3. 明设的应沿管道或设备外壳敷设，暗设的在接线处外部应有接地标志； 4. 接地线接线间不得涂漆或加绝缘垫	《电气装置安装工程接地装置施工及验收规范》(GB 50169—2016)	设备接地情况		视频监控	
	生产过程	电缆火灾	火灾	人员伤亡、财产损失	B级	电缆必须有阻燃措施；电缆桥架符合相关设计规范	《电力工程电缆设计规范》(GB 50217—2018)	是否有阻燃措施		视频监控	

续表

部位	安全风险评估与管控							隐患违规电子证据			
	作业或活动	风险模式	事故类别	事故后果	风险等级	风险管控措施	参考依据	隐患检查内容	判别方式	监测监控方式	监测监控部位
空压站	生产过程	储气罐超压破坏	容器爆炸	人员伤亡、财产损失	C级	企业应对设备定期进行巡回检查，并建立设备定期检查记录	《固定式压力容器安全技术监察规程》(TSG 21—2016)	是否有定期检查		检查记录	空气储罐
导热油炉	生产过程	油管破裂	火灾	人员伤亡、财产损失	C级	导热油加热炉系统应装设自动保护装置，并在下列情况下应能自动停炉： 1. 膨胀罐液位下降到低于极限位置时； 2. 导热油出炉温度超过允许值时； 3. 导热油出炉压力超过允许值时； 4. 循环泵停止运转时； 5. 炉膛温度超过允许值时； 6. 炉膛熄火时； 7. 排烟温度超过允许值时； 8. 导热油流量降到规定最小值时； 9. 燃烧器发生故障时	《导热油加热炉系统规范》(SY/T 0524—2016)	是否装设自动保护装置		参数监控	导热油炉
	生产过程	点火失败	火灾爆炸	人员伤亡、财产损失	B级	导热油加热炉应有完善的点火程序控制和炉膛熄火保护装置	《导热油加热炉系统规范》(SY/T 0524—2016)	是否有保护装置		参数监控	

续表

部位	安全风险评估与管控							隐患违规电子证据			
	作业或活动	风险模式	事故类别	事故后果	风险等级	风险管控措施	参考依据	隐患检查内容	判别方式	监测监控方式	监测监控部位
工艺管网	生产过程	静电集聚，遇易燃液体泄漏	火灾爆炸	人员伤亡、财产损失	A级	可燃气体、液化烃、可燃液体、可燃固体的管道在下列部位应设静电接地设施： 1. 进出装置区或设施处； 2. 爆炸危险场所的边界； 3. 管道泵及泵入口永久过滤器、缓冲器等。 在爆炸危险区域内设计有静电接地要求的管道，当每对法兰或其他接头间电阻值超过0.03Ω时，应设导线跨接	《石油化工企业设计防火标准(2018年版)》(GB 50160—2008) 《工业金属管道工程施工规范》(GB 50235—2010)	是否有静电接地措施		视频监控	工艺管网
作业管理	动火作业	危险区域动火	火灾爆炸	人员伤亡、财产损失	A级	1. 危险区域动火必须办理动火证，采取防范措施；动火前，必须清理动火部位易燃物，用防火毯、石棉垫或铁板覆盖动火火星飞溅的区域。 2. 有油渍的部位建议开启水源，直接用水扑灭火星；易燃区域动火时，排烟和通风系统必须关停，并派专人现场监护和及时扑灭火星。 3. 动火后应派专人到动火区域下方进行确认，并继续观察15min确认无火险后，动火人员方能撤离	《生产区域动火作业安全规范》(HG 30010—2013)	是否办理动火作业手续，是否制定作业安全方案并严格执行，作业时是否配备可燃气报警器、消防器材等应急物资	通过查阅动火作业方案及作业记录	视频监控、参数监测	动火作业

续表

部位	安全风险评估与管控							隐患违规电子证据			
	作业或活动	风险模式	事故类别	事故后果	风险等级	风险管控措施	参考依据	隐患检查内容	判别方式	监测监控方式	监测监控部位
作业管理	开停车	系统密封不严、吹扫不净、步骤流程人员失误	火灾爆炸	人员伤亡、财产损失	A级	1. 企业在正常开车、紧急停车后的开车前，都要进行安全条件检查确认； 2. 开停车前，企业要进行安全风险辨识分析，制定开停车方案，编制安全措施和开停车步骤确认表； 3. 开车前企业应对如下重要步骤进行签字确认： (1)进行冲洗、吹扫、气密试验时，要确认已制定有效的安全措施；(2)引进蒸汽、氮气、易燃易爆介质前，要指定有经验的专业人员进行流程确认；(3)引进物料时，要随时监测物料流量、温度、压力、液位等参数变化情况，确认流程是否正确； 4. 应严格控制进退料顺序和速率，现场安排专人不间断巡检，监控有无泄漏等异常现象； 5. 停车过程中的设备、管线低点的排放应按照顺序缓慢进行，并做好个人防护；设备、管线吹扫处理完毕后，应用盲板切断与其他系统的联系。抽堵盲板作业应在编号、挂牌、登记后按规定的顺序进行，并安排专人逐一进行现场确认	《关于加强化工过程安全管理的指导意见》(安监总管三[2013]88号)	是否进行安全条件检查确认，是否制定作业安全方案并严格执行，是否做好个体防护	通过查阅作业方案及作业记录	视频监控、参数监测	动火作业

二、“五高”风险指标

为突出××公司安全风险重点区域、关键岗位和危险场所，依据“五高”[1] 风险评估法，将××公司相对风险较大的聚合工艺单元、加氢工艺及储罐区单元单独提出，进行风险分析评估。

在风险单元区域内，以可能诱发的本单元重特大事故点作为风险点。基于单元事故风险点，分析事故致因机理，评估事故严重后果，并从高风险物品、高风险工艺、高风险设备、高风险场所、高风险作业（五高风险）辨识高危风险因子。

1. 聚合工艺单元“五高”风险指标

聚合工艺单元“五高”固有风险指标见表 5-9。

表 5-9　聚合工艺单元“五高”固有风险指标

<table>
<tr><th>典型事故风险点</th><th>风险因子</th><th>要素</th><th>指标描述</th><th colspan="2">特征值</th><th>现状描述</th><th>取值</th></tr>
<tr><td rowspan="17">火灾、爆炸事故风险点</td><td rowspan="10">高风险设备</td><td rowspan="5">聚合反应器</td><td rowspan="10"></td><td colspan="2">危险隔离(替代)</td><td rowspan="10">(釜式、管式、流化床等)</td><td rowspan="10"></td></tr>
<tr><td rowspan="2">故障安全</td><td>失误安全</td></tr>
<tr><td>失误风险</td></tr>
<tr><td rowspan="2">故障风险</td><td>失误安全</td></tr>
<tr><td>失误风险</td></tr>
<tr><td rowspan="5">聚合物后处理塔</td><td colspan="2">危险隔离(替代)</td></tr>
<tr><td rowspan="2">故障安全</td><td>失误安全</td></tr>
<tr><td>失误风险</td></tr>
<tr><td rowspan="2">故障风险</td><td>失误安全</td></tr>
<tr><td>失误风险</td></tr>
<tr><td rowspan="7">高风险工艺</td><td rowspan="7">聚合反应器</td><td rowspan="7">监测监控设施完好水平</td><td>聚合反应温度和压力的报警和联锁</td><td>失效率</td><td rowspan="7"></td><td rowspan="7"></td></tr>
<tr><td>紧急冷却系统</td><td>失效率</td></tr>
<tr><td>紧急切断系统</td><td>失效率</td></tr>
<tr><td>紧急加入终止剂系统</td><td>失效率</td></tr>
<tr><td>搅拌的稳定控制和联锁系统</td><td>失效率</td></tr>
<tr><td>料仓静电消除、可燃气体置换系统</td><td>失效率</td></tr>
<tr><td>可燃和有毒气体检测报警装置</td><td>失效率</td></tr>
</table>

续表

典型事故风险点	风险因子	要素	指标描述	特征值		现状描述	取值
火灾、爆炸事故风险点	高风险工艺	聚合反应器	监测监控设施完好水平	聚合反应温度和压力的报警和联锁	失效率		
				紧急冷却系统	失效率		
		聚合物后处理		离心机自动停车系统	失效率		
				离心机进料系统	失效率		
				螺旋输送机启动或自停	失效率		
				旋风分离器堵塞	失效率		
				气流干燥器底部积料	失效率		
				干燥器室温度	失效率		
				压差控制	失效率		
	高风险场所	原料储存场所	人员风险暴露	原则上以事故后果严重度模拟计算结果为依据，确定事故影响范围，进而确定波及人员数量			
		聚合工艺装置区域					
	高风险物品	聚合单体(如氯乙烯、丁二烯、苯乙烯等)	物质危险性	物质危险性指数			
		聚合助剂					
		聚合物					
	高风险作业	特殊作业	高风险作业种类	动火作业			
				受限空间作业			
				盲板抽堵作业			
				高处作业			
				临时用电作业			
		特种设备作业		特种设备安全管理			
				压力容器作业			
				安全附件维修作业			
		特种作业		危险化学品安全作业			
中毒事故风险点	高风险设备设施	聚合反应器		危险隔离(替代)			
				故障安全	失误安全		
					失误风险		
				故障风险	失误安全		
					失误风险		

续表

典型事故风险点	风险因子	要素	指标描述	特征值		现状描述	取值
中毒事故风险点	高风险工艺	聚合反应	联锁、监测监控及安全设施完好水平	聚合反应温度和压力的报警和联锁	失效率		
				紧急冷却系统	失效率		
				紧急切断系统	失效率		
				紧急加入终止剂系统	失效率		
				搅拌的稳定控制和联锁系统	失效率		
				料仓静电消除、可燃气体置换系统	失效率		
				可燃和有毒气体检测报警装置	失效率		
	高风险场所	生产装置区域	人员风险暴露	原则上以事故后果严重度模拟计算结果为依据，确定事故影响范围，进而确定波及人员数量			
	高风险物品	生产、储存物质	物质危险性	物质危险性指数			
	高风险作业	危险作业	高风险作业种类	动火作业			
				受限空间作业			
				盲板抽堵作业			
				高处作业			
				临时用电作业			
		特种设备作业		特种设备安全管理			
				压力容器作业			
				压力管道作业			
		特种作业		危险化学品安全作业			

聚合工艺单元动态风险指标见表5-10。

表5-10　聚合工艺单元动态风险指标

典型事故风险点	风险因子	要素	指标描述	特征值		现状描述	取值
火灾、爆炸事故风险点	高危风险监测监控特征指标	监测监控系统	监测指标	聚合反应温度和压力的报警和联锁	报警值及报警频率		

续表

典型事故风险点	风险因子	要素	指标描述	特征值		现状描述	取值
火灾、爆炸事故风险点	高危风险监测监控特征指标	监测监控系统	监测指标	紧急冷却系统	报警值及报警频率		
				紧急切断系统	报警值及报警频率		
				紧急加入终止剂系统	报警值及报警频率		
				搅拌的稳定控制和联锁系统	报警值及报警频率		
				料仓静电消除、可燃气体置换系统	报警值及报警频率		
				可燃和有毒气体检测报警装置	报警值及报警频率		
	隐患指标	一般隐患	数量	一般隐患数量			
		重大隐患	数量	重大隐患数量			
	特殊时期指标	国家或地方重要活动					
		法定节假日					
		相关重特大事故发生后一段时间内					
	高危风险物联网指标	国内外典型案例库	实时追踪更新				
	自然环境	气象灾害	暴雨、暴雪	降水量			
		地震灾害	地震	监测			
		地质灾害	如崩塌、滑坡、泥石流、地裂缝等				
		海洋灾害	—				
		生物灾害	—				
		森林草原灾害	—				

续表

典型事故风险点	风险因子	要素	指标描述	特征值		现状描述	取值
中毒事故风险点	高危风险监测监控特征指标	监测监控系统	监测指标	聚合反应温度和压力的报警和联锁	报警值及报警频率		
				紧急冷却系统	报警值及报警频率		
				紧急切断系统	报警值及报警频率		
				紧急加入终止剂系统	报警值及报警频率		
				搅拌的稳定控制和联锁系统	报警值及报警频率		
				料仓静电消除、可燃气体置换系统	报警值及报警频率		
				可燃和有毒气体检测报警装置	报警值及报警频率		
	隐患指标	一般隐患	数量	一般隐患数量			
		重大隐患	数量	重大隐患数量			
	特殊时期指标	国家或地方重要活动					
		法定节假日					
		相关重特大事故发生后一段时间内					
	高危风险物联网指标	国内外典型案例库	实时追踪更新				
	自然环境	气象灾害	暴雨、暴雪	降水量			
		地震灾害	地震	监测			
		地质灾害	如崩塌、滑坡、泥石流、地裂缝等				
		海洋灾害	—				
		生物灾害	—				
		森林草原灾害	—				

2. 加氢工艺单元“五高”风险指标

加氢工艺单元“五高”固有风险指标见表5-11。

表5-11 加氢工艺单元“五高”固有风险指标

典型事故风险点	风险因子	要素	指标描述	特征值		现状描述	取值
火灾、爆炸事故风险点	高风险设备设施	加氢反应器	本质安全化水平	危险隔离(替代)			
				故障安全	失误安全		
					失误风险		
				故障风险	失误安全		
					失误风险		
		氢气压缩机		危险隔离(替代)			
				故障安全	失误安全		
					失误风险		
				故障风险	失误安全		
					失误风险		
		闪蒸塔		危险隔离(替代)			
				故障安全	失误安全		
					失误风险		
				故障风险	失误安全		
					失误风险		
	高风险工艺	加氢工艺	监测监控设施完好水平	温度监测	失效率		
				压力监测	失效率		
				搅拌速率监测	失效率		
				氢气流量监测	失效率		
				反应物的配料比监测	失效率		
				系统氧含量监测	失效率		
				冷却水流量监测	失效率		
				氢气压缩机运行参数监测	失效率		
				加氢反应尾气组成监测	失效率		
				紧急冷却系统	失效率		
				可燃气体浓度检测报警	失效率		
				紧急停车系统	失效率		
				安全泄放系统	失效率		

续表

典型事故风险点	风险因子	要素	指标描述	特征值		现状描述	取值
火灾、爆炸事故风险点	高风险场所	生产装置区域	人员风险暴露	原则上以事故后果严重度模拟计算结果为依据，确定事故影响范围，进而确定波及人员数量			
	高风险物品	生产、储存物质	物质危险性	物质危险性指数			
	高风险作业	特殊作业	高风险作业种类	动火作业			
				受限空间作业			
				盲板抽堵作业			
				高处作业			
				临时用电作业			
		特种设备作业		特种设备安全管理			
				压力容器作业			
				安全附件维修作业			
		特种作业		危险化学品安全作业			
中毒事故风险点	高风险设备设施	加氢反应器	本质安全化水平	危险隔离（替代）			
				故障安全	失误安全		
					失误风险		
				故障风险	失误安全		
					失误风险		
		加热炉		危险隔离（替代）			
				故障安全	失误安全		
					失误风险		
				故障风险	失误安全		
					失误风险		
	高风险工艺	加氢工艺	监测监控设施完好水平	有毒气体浓度检测报警	失效率		
				紧急停车系统	失效率		
				安全泄放系统	失效率		
	高风险场所	生产装置区域	人员风险暴露	原则上以事故后果严重度模拟计算结果为依据，确定事故影响范围，进而确定波及人员数量			

续表

典型事故风险点	风险因子	要素	指标描述	特征值		现状描述	取值
中毒事故风险点	高风险物品	生产、储存物质	物质危险性	物质危险性指数			
	高风险作业	特殊作业	高风险作业种类	动火作业			
				受限空间作业			
				盲板抽堵作业			
				高处作业			
				临时用电作业			
		特种设备作业	高风险作业种类	特种设备安全管理			
				压力容器作业			
				安全附件维修作业			
		特种作业	高风险作业种类	危险化学品安全作业			

加氢工艺单元动态风险指标见表5-12。

表5-12 加氢工艺单元动态风险指标

典型事故风险点	风险因子	要素	指标描述	特征值		现状描述	取值
火灾、爆炸事故风险点	高危风险监测监控特征指标	监测监控系统	监测指标	温度监测	报警值及报警频率		
				压力监测	报警值及报警频率		
				搅拌速率监测	报警值及报警频率		
				氢气流量监测	报警值及报警频率		
				反应物的配料比监测	报警值及报警频率		
				系统氧含量监测	报警值及报警频率		
				冷却水流量监测	报警值及报警频率		
				氢气压缩机运行参数监测	报警值及报警频率		

续表

典型事故风险点	风险因子	要素	指标描述	特征值		现状描述	取值
火灾、爆炸事故风险点	高危风险监测监控特征指标	监测监控系统	监测指标	加氢反应尾气组成监测	报警值及报警频率		
				紧急冷却系统	报警值及报警频率		
				可燃气体浓度检测报警	报警值及报警频率		
				有毒气体浓度检测报警	报警值及报警频率		
				紧急停车系统	报警值及报警频率		
				安全泄放系统	报警值及报警频率		
	隐患指标	一般隐患	数量	一般隐患数量			
		重大隐患	数量	重大隐患数量			
	特殊时期指标	国家或地方重要活动					
		法定节假日					
		相关重特大事故发生后一段时间内					
	高危风险物联网指标	国内外典型案例库	实时追踪更新				
	自然环境	气象灾害	暴雨、暴雪	降水量			
		地震灾害	地震	监测			
		地质灾害	如崩塌、滑坡、泥石流、地裂缝等				
		海洋灾害	—				
		生物灾害	—				
		森林草原灾害	—				

3. 储罐区单元“五高”风险指标

储罐区单元“五高”固有风险指标见表5-13。

表5-13 储罐区单元“五高”固有风险指标

典型事故风险点	风险因子	要素	指标描述	特征值		现状描述	取值
储罐火灾事故风险点	高风险设备设施	储罐	本质安全化水平	危险隔离(替代)			
				故障安全	失误安全		
					失误风险		
				故障风险	失误安全		
					失误风险		
	高风险工艺	储罐系统	监测监控设施完好水平	压力监测	失效率		
				液位监测	失效率		
				温度监测	失效率		
				可燃气体浓度检测报警	失效率		
				有毒气体浓度检测报警	失效率		
				视频监控设施	失效率		
				其他	失效率		
	高风险场所	储罐区	人员暴露风险	原则上以事故后果严重度模拟计算结果为依据，确定事故影响范围，进而确定波及人员数量			
	高风险物品	储存物质	物质危险性	物质危险性指数			
	高风险作业	特殊作业	高风险作业种类	动火作业			
				受限空间作业			
				盲板抽堵作业			
				高处作业			
				临时用电作业			
		特种设备作业		特种设备安全管理			
				压力容器作业			
				安全附件维修作业			
		特种作业		危险化学品安全作业			

续表

典型事故风险点	风险因子	要素	指标描述	特征值		现状描述	取值
储罐爆炸事故风险点	高风险设备设施	储罐	本质安全化水平	危险隔离(替代)			
				故障安全	失误安全		
					失误风险		
				故障风险	失误安全		
					失误风险		
	高风险工艺	储罐系统	监测监控设施完好水平	压力监测	失效率		
				液位监测	失效率		
				温度监测	失效率		
				可燃气体浓度检测报警	失效率		
				有毒气体浓度检测报警	失效率		
				视频监控设施	失效率		
				其他	失效率		
	高风险场所	储罐区	人员暴露风险	原则上以事故后果严重度模拟计算结果为依据,确定事故影响范围,进而确定波及人员数量			
	高风险物品	储存物质	物质危险性	物质危险性指数			
	高风险作业	特殊作业	高风险作业种类	动火作业			
				受限空间作业			
				盲板抽堵作业			
				高处作业			
				临时用电作业			
		特种设备作业		特种设备安全管理			
				压力容器作业			
				安全附件维修作业			
		特种作业		危险化学品安全作业			

续表

典型事故风险点	风险因子	要素	指标描述	特征值		现状描述	取值
储罐中毒事故风险点	高风险设备设施	储罐	本质安全化水平	危险隔离(替代)			
				故障安全	失误安全		
					失误风险		
				故障风险	失误安全		
					失误风险		
	高风险工艺	储罐系统	监测监控设施完好水平	压力监测	失效率		
				液位监测	失效率		
				温度监测	失效率		
				可燃气体浓度检测报警	失效率		
				有毒气体浓度检测报警	失效率		
				视频监控设施	失效率		
				其他	失效率		
	高风险场所	储罐区	人员风险暴露	原则上以事故后果严重度模拟计算结果为依据,确定事故影响范围,进而确定波及人员数量			
	高风险物品	储存物质	物质危险性	物质危险性指数			
	高风险作业	特殊作业	高风险作业种类	动火作业			
				受限空间作业			
				盲板抽堵作业			
				高处作业			
				临时用电作业			
		特种设备作业		特种设备安全管理			
				压力容器作业			
				安全附件维修作业			
		特种作业		电工作业			

储罐区单元动态风险指标见表5-14。

表 5-14 储罐区单元动态风险指标

典型事故风险点	风险因子	要素	指标描述	特征值		现状描述	取值
储罐火灾事故风险点	高危风险监测监控特征指标	监测监控系统	监测指标	压力监测	报警值及报警频率		
				液位监测	报警值及报警频率		
				温度监测	报警值及报警频率		

续表

典型事故风险点	风险因子	要素	指标描述	特征值		现状描述	取值
储罐火灾事故风险点	高危风险监测监控特征指标	监测监控系统	监测指标	可燃气体浓度检测报警	报警值及报警频率		
				有毒气体浓度检测报警	报警值及报警频率		
				视频监控设施	报警值及报警频率		
				其他	报警值及报警频率		
	隐患指标	一般隐患					
		重大隐患					
	特殊时期指标	国家或地方重要活动					
		法定节假日					
		相关重特大事故发生后一段时间内					
	高危风险物联网指标	国内外典型案例库	实时追踪更新				
	自然环境	气象灾害	暴雨、暴雪	降水量			
		地震灾害	地震	监测			
		地质灾害	如崩塌、滑坡、泥石流、地裂缝等				
		海洋灾害	—				
		生物灾害	—				
		森林草原灾害	—				
储罐爆炸事故风险点	高危风险监测监控特征指标	监测监控系统	监测指标	压力监测	报警值及报警频率		
				液位监测	报警值及报警频率		
				温度监测	报警值及报警频率		
				可燃气体浓度检测报警	报警值及报警频率		
				有毒气体浓度检测报警	报警值及报警频率		
				视频监控设施	报警值及报警频率		
				其他	报警值及报警频率		

续表

典型事故风险点	风险因子	要素	指标描述	特征值		现状描述	取值
储罐爆炸事故风险点	隐患指标	一般隐患					
		重大隐患					
	特殊时期指标	国家或地方重要活动					
		法定节假日					
		相关重特大事故发生后一段时间内					
	高危风险物联网指标	国内外典型案例库	实时追踪更新				
	自然环境	气象灾害	暴雨、暴雪	降水量			
		地震灾害	地震	监测			
		地质灾害	如崩塌、滑坡、泥石流、地裂缝等				
		海洋灾害	—				
		生物灾害	—				
		森林草原灾害	—				
储罐中毒事故风险点	高危风险监测监控特征指标	监测监控系统	监测指标	压力监测	报警值及报警频率		
				液位监测	报警值及报警频率		
				温度监测	报警值及报警频率		
				可燃气体浓度检测报警	报警值及报警频率		
				有毒气体浓度检测报警	报警值及报警频率		
				视频监控设施	报警值及报警频率		
				其他	报警值及报警频率		
	隐患指标	一般隐患					
		重大隐患					

续表

典型事故风险点	风险因子	要素	指标描述	特征值		现状描述	取值
储罐中毒事故风险点	特殊时期指标	国家或地方重要活动					
		法定节假日					
		相关重特大事故发生后一段时间内					
	高危风险物联网指标	国内外典型案例库	实时追踪更新				
	自然环境	气象灾害	暴雨、暴雪	降水量			
		地震灾害	地震	监测			
		地质灾害	如崩塌、滑坡、泥石流、地裂缝等				
		海洋灾害	—				
		生物灾害	—				
		森林草原灾害	—				

第三节 “五高”重大风险评估

根据××公司的有关技术资料和现场调研、类比调查的结果，以及××公司系统特点，在危险有害因素辨识、分析的基础上，以聚合工艺、加氢工艺和储罐区作为整个系统的单元进行评估。

一、碳五树脂工艺单元重大风险评估

1. 五高固有风险指标量化

依据聚合单元“五高”风险指标的辨识与评估，将火灾事故、爆炸事故、中毒事故等3个风险点作为“五高”固有风险辨识与评估的重点。下面以碳五树脂工艺装置为测算对象，从“五高”角度对各风险点进行评估。

(1) 火灾事故风险点

① 高风险设备　以碳五树脂设备设施本质安全化水平作为赋值依据，表征火灾事故风险点生产设备设施防止事故发生的技术措施水平，按表 5-15 取值[2]，取值范围 1.0～1.7。

表 5-15　高风险设备固有危险指数（h_s）

类型		取值
危险隔离(替代)		1.0
故障安全	失误安全	1.2
	失误风险	1.4
故障风险	失误安全	1.3
	失误风险	1.7

碳五树脂生产装置目前运行平稳，本质安全化水平较高，各项安全联锁正常投入使用，设置有 SIS 系统、紧急切断装置等，按“失误安全”赋值，取 $h_s=1.3$。

② 高风险物品　火灾事故风险点高风险物品主要是间戊二烯、抽余碳五等。采用高风险物品的实际存在量与临界量的比值及对应物品的危险特性修正系数乘积的 m 值作为分级指标，根据分级结果确定 M 值。

风险点高风险物品 m 值的计算方法如下：

$$m=\left(\beta_1\frac{q_1}{Q_1}+\beta_2\frac{q_2}{Q_2}+\cdots+\beta_n\frac{q_n}{Q_n}\right) \tag{5-1}$$

式中　q_1，q_2，…，q_n——每种高风险物品实际存在（在线）量，t；

Q_1，Q_2，…，Q_n——与各高风险物品相对应的临界量，t；

β_1，β_2，…，β_n——与各高风险物品相对应的校正系数。

根据计算出来的 m 值，按表 5-16 确定危险化学品企业风险点高风险物品的级别，确定相应的物质指数（M），取值范围 1～9。

表 5-16　高风险物品物质危险指数（M）赋值表

m 值	M 值	m 值	M 值
$m\geqslant100$	9	$10>m\geqslant1$	3
$100>m\geqslant50$	7	$m<1$	1
$50>m\geqslant10$	5		

其中，高风险物质及其临界量、实际最大存量见表 5-17。

表 5-17 高风险物质及其临界量、实际最大存量

序号	名称	密度/(t/m^3)	体积/m^3	储存系数	实际最大存量/t	临界量/t	校正系数 β
1	抽余碳五	0.64	19.53	0.8	10.0	10	1
2	聚合液(间戊二烯)	0.70	234.55	0.8	131.3	10	1
3	未聚碳五	0.80	10	0.8	6.4	10	1

碳五树脂聚合工艺，根据数据计算 $m=14.77$，对应 $M=5$。

③ 高风险场所　火灾事故风险点高风险场所主要是碳五树脂生产装置区，以“人员风险暴露”作为特征值，即根据事故风险模拟计算结果，暴露在火灾事故影响范围内的所有人员（包含作业人员及周边可能存在的人员）。以风险点内暴露人数 p 来衡量，按表 5-18 取值，取值范围 1～9。

表 5-18 高风险场所人员暴露指数（E）赋值表

暴露人数(p)	E 值	暴露人数(p)	E 值
$p \geqslant 100$	9	$9 \geqslant p \geqslant 3$	3
$99 \geqslant p \geqslant 30$	7	$2 \geqslant p \geqslant 0$	1
$29 \geqslant p \geqslant 10$	5		

碳五树脂生产装置区火灾事故影响范围内的人员应介于 3～9 人之间，取 $E=3$。

④ 高风险工艺　火灾事故风险点高风险工艺即本单元的聚合工艺。特征值为冷聚合反应温度和压力的报警和联锁失效率；紧急冷却系统失效率、紧急加入终止剂系统失效率、搅拌的稳定控制和联锁系统失效率等。由监测监控设施失效率修正系数 K_1 表征：

$$K_1=1+l \tag{5-2}$$

式中　l——风险点内监测监控设施失效率的平均值。

碳五树脂工艺比较普遍，较为成熟，各项特征值失效率较低，取 $l=0.01$，$K_1=1.01$。

⑤ 高风险作业　由危险性修正系数 K_2 表征：

$$K_2=1+0.05t \tag{5-3}$$

式中　t——风险点内涉及高风险作业种类数。

碳五树脂工艺单元高风险作业主要有动火作业、受限空间作业、盲板抽堵作业、高处作业、临时用电作业、特种设备安全管理、压力容器作业、安全附

件维修作业及危险化学品安全作业等 9 种，因此 $K_2=1.45$。

⑥ 风险点典型事故风险的固有危险指数　将风险点固有危险指数 h 定义为：

$$h=h_s MEK_1K_2 \tag{5-4}$$

式中　h_s——高风险设备固有危险指数；

M——高风险物品物质危险指数；

E——高风险场所人员暴露指数；

K_1——高风险工艺修正系数；

K_2——高风险作业危险性修正系数。

计算结果如下：

$$h_1=1.3\times5\times3\times1.01\times1.45=28.56$$

（2）爆炸事故风险点　按以上火灾事故风险点固有危险指数测算过程，对爆炸事故风险点的固有危险指数进行测算，结果如下：

$$h_2=1.3\times5\times5\times1.01\times1.45=47.6$$

（3）中毒事故风险点　按以上火灾事故风险点固有危险指数测算过程，对中毒事故风险点的固有危险指数进行测算，结果如下：

$$h_3=1.3\times5\times1\times1.01\times1.45=9.52$$

（4）碳五聚合工艺单元固有危险指数　单元区域内存在若干个风险点，根据安全控制论原理，单元固有危险指数为若干风险点固有危险指数的场所人员暴露指数加权累计值。H 定义如下：

$$H=\sum_{1}^{n}h_i(E_i/F) \tag{5-5}$$

式中　h_i——单元内第 i 个风险点危险指数；

E_i——单元内第 i 个风险点场所人员暴露指数；

F——单元内各风险点场所人员暴露指数累计值；

n——单元内风险点数。

碳五树脂单元区域内的 3 个风险点，$E_1=3$，$E_2=5$，$E_3=1$，$F=9$，故：

$$H=28.56\times(3\div9)+47.6\times(5\div9)+9.52\times(1\div9)=37.02$$

2. 初始高危风险管控频率指标量化

单元初始高危风险管控频率指标从企业安全生产管控标准化程度来衡量，

即采用单元安全生产标准化分数考核办法来衡量单元固有风险初始引发事故的概率。以单元安全生产标准化得分的倒数作为单元高危风险管控频率指标。则计量单元初始高危风险管控频率为：

$$G=100/v \tag{5-6}$$

式中 G——单元初始高危风险管控频率；

v——安全生产标准化自评/评审分值。

××公司安全生产标准化达标等级为二级，标准化得分为86分。计算出单元初始高危风险管控频率指标 $G=1.16$。

3. 单元初始高危安全风险评估

将单元初始高危风险管控频率（G）与单元固有危险指数（H）聚合：

$$R_0=GH \tag{5-7}$$

式中 G——单元初始高危风险管控频率；

H——单元固有危险指数。

碳五树脂单元初始高危安全风险值 $R_0=43.05$。

4. 单元现实高危安全风险评估

（1）风险点固有危险指数动态监测指标修正值（h_d） 高危风险动态监测特征指标报警信号修正系数（K_3）对风险点固有风险指标进行动态修正：

$$h_d=hK_3 \tag{5-8}$$

式中 h_d——风险点固有危险指数动态监测指标修正值；

h——风险点固有危险指数；

K_3——高危风险动态监测特征指标报警信号修正系数。

用高危风险监测特征指标修正系数（K_3）修正风险点固有危险指数（h）。在线监测项目实时报警分一级报警（低报警）、二级报警（中报警）和三级报警（高报警）。当在线监测项目达到3项一级报警时，记为1项二级报警；当监测项目达到2项二级报警时，记为1项三级报警。由此，设定一、二、三级报警的权重分别为1、3、6，归一化处理后的系数分别为0.1、0.3、0.6，高危风险监测特征指标修正系数公式为：

$$K_3=1+0.1a_1+0.3a_2+0.6a_3 \tag{5-9}$$

式中 K_3——高危风险动态监测特征指标修正系数；

a_1——实时一级报警（低报警）项数；

a_2——实时二级报警（中报警）项数；

a_3——实时三级报警（高报警）项数。

现实报警次数为动态数据，暂先以 3 次一级报警、2 次二级报警、1 次三级报警的情况下进行测算，计算结果为 $K_3=2.50$，即 $h_{d1}=71.39$，$h_{d2}=118.99$，$h_{d3}=23.80$。

(2) 单元固有危险指数动态修正值（H_D） 单元区域内存在若干个风险点，根据安全控制论原理，单元固有危险指数动态修正值（H_D）为若干风险点固有危险指数动态监测指标修正值（h_{di}）与场所人员暴露指数加权累计值。H_D 定义如下：

$$H_D=\sum_1^n h_{di}(E_i/F) \tag{5-10}$$

式中 H_D——单元固有危险指数动态修正值；

h_{di}——单元内第 i 个风险点固有危险指数动态监测指标修正值；

E_i——单元内第 i 个风险点场所人员暴露指数；

F——单元内各风险点场所人员暴露指数累计值；

n——单元内风险点数。

碳五树脂单元区域内的 3 个风险点，$h_{d1}=71.39$，$h_{d2}=118.99$，$h_{d3}=23.80$，故：

$$H_D=71.39\times(3\div9)+118.99\times(5\div9)+23.8\times(1\div9)=92.55$$

(3) 单元初始高危安全风险修正值（R_{0d}） 将单元初始高危风险管控频率（G）与单元固有危险指数动态修正值（H_D）聚合：

$$R_{0d}=GH_D \tag{5-11}$$

式中 R_{0d}——单元初始高危安全风险修正值；

G——单元风险管控频率指数值；

H_D——单元固有危险指数动态修正值。

经计算得出 $R_{0d}=107.61$。

(4) 单元现实风险（R_N） 将单元现实安全风险（R_N）定义为：

$$R_N=R_{0d}K_4 \tag{5-12}$$

式中 R_{0d}——单元初始高危安全风险修正值；

K_4——事故隐患指标修正系数。

安全生产过程中的事故隐患数量和隐患级别很大程度上能反映企业的安全管理水平和状态，将指标整体划分为一般事故隐患和重大事故隐患。隐患的统计以监测监控手段识别出的事故隐患和各级监管部门上报、企业自查的事故隐患基础动态数据为依据。

重大事故隐患：以国家安全监管总局制定印发的《化工和危险化学品生产经营单位重大生产安全事故隐患判定标准（试行）》中列举的20类重大生产安全事故隐患作为判断标准。

一般事故隐患：除重大事故隐患以外的其他事故隐患。

若单元存在重大事故隐患，单元现实风险（R_N）直接判定为Ⅰ级（红色预警）。

若出现一般事故隐患，则根据隐患数量（记为i）按如表5-19对单元初始风险值进行修正。

表5-19　一般事故隐患修正系数K_4赋值表

序号	一般事故隐患数(i)	K_4值
1	$i=0$	1.0
2	$1 \leqslant i < 5$	1.1
3	$5 \leqslant i < 20$	1.3
4	$i \geqslant 20$	1.5

现实事故隐患为动态数据，取$i=6$，$K_4=1.3$，$R_N=139.90$。

（5）单元现实风险分级　将危险化学品企业重大安全风险等级划分为Ⅰ级、Ⅱ级、Ⅲ级、Ⅳ级，见表5-20。

表5-20　单元风险等级划分标准

单元现实安全风险(R_N)	预警信号	风险等级
$R_N \geqslant 200$	红	Ⅰ级
$200 > R_N \geqslant 100$	橙	Ⅱ级
$100 > R_N \geqslant 20$	黄	Ⅲ级
$R_N < 20$	蓝	Ⅳ级

依据单元安全风险分级标准，碳五树脂单元现实高危安全风险等级为Ⅱ级，预警信号为橙色。

二、碳五碳九共聚树脂工艺单元重大风险评估

依据聚合工艺单元“五高”风险指标的辨识与评估，将火灾事故、爆炸事

故、中毒事故等3个风险点作为“五高”固有风险辨识与评估的重点。下面以碳五碳九共聚树脂工艺为测算对象，从“五高”角度对各风险点进行评估。

按以上聚合工艺单元重大风险评估的计算过程，对碳五碳九共聚树脂工艺单元重大风险进行测算评估，各风险点五高固有风险指标取值如下：

火灾事故：$h_s=1.3$，$M=1$，$E=3$，$K_1=1.01$，$K_2=1.45$；

爆炸事故：$h_s=1.3$，$M=1$，$E=5$，$K_1=1.01$，$K_2=1.45$；

中毒事故：$h_s=1.3$，$M=1$，$E=1$，$K_1=1.01$，$K_2=1.45$。

需说明的是，物质危险指数为由表5-21本单元涉及的高风险物质计算出$m<1$确定的$M=1$。

表5-21 涉及的高风险物质及其临界量、实际最大存量（一）

序号	名称	密度/(t/m^3)	体积/m^3	储存系数	实际最大存量/t	临界量/t	校正系数β
1	碳五,碳九原料油	0.9	13.6	0.8	9.8	5000	1
2	碳五,碳九聚合油	0.9	163.76	0.8	117.9	5000	1
3	碳五,碳九树脂油	0.9	24.49	0.8	17.6	5000	1
4	碳五馏分	0.80	9.3	0.8	6.0	1000	1
5	碳九轻溶剂油	0.91	3.88	0.8	2.8	5000	1
6	重溶剂油、二闪凝液	0.85	1.875	0.8	1.3	5000	1

则风险点危险指数：

$h_1=1.3\times1\times3\times1.01\times1.45=5.71$

$h_2=1.3\times1\times5\times1.01\times1.45=9.52$

$h_3=1.3\times1\times1\times1.01\times1.45=1.9$

单元固有危险指数：

$H=5.71\times(3\div9)+9.52\times(5\div9)+1.9\times(1\div9)=7.4$

$G=1.16, R_0=8.61$。

现实风险为动态数据，暂先以3次一级报警、2次二级报警、1次三级报警，无事故隐患的情况下计算，$H_D=18.51$，$R_{0d}=21.52$，$K_4=1.3$，$R_N=27.98$。

依据单元安全风险分级标准，碳五碳九共聚树脂工艺单元现实高危安全风险等级为Ⅲ级，黄色预警。

三、碳九1#热聚树脂工艺单元重大风险评估

依据聚合工艺单元“五高”风险指标的辨识与评估，将火灾事故、爆炸事

故、中毒事故等3个风险点作为“五高”固有风险辨识与评估的重点。下面以碳九1#热聚树脂工艺为测算对象，从“五高”角度对各风险点进行评估。

按以上聚合工艺单元重大风险评估的计算过程，对碳九1#热聚树脂工艺单元重大风险进行测算评估，各风险点五高固有风险指标取值如下：

火灾事故：$h_s=1.3$，$M=1$，$E=3$，$K_1=1.01$，$K_2=1.45$；

爆炸事故：$h_s=1.3$，$M=1$，$E=5$，$K_1=1.01$，$K_2=1.45$；

中毒事故：$h_s=1.3$，$M=1$，$E=1$，$K_1=1.01$，$K_2=1.45$。

需说明的是，物质危险指数为由表5-22本单元涉及的高风险物质计算出$m<1$确定的$M=1$。

表5-22　涉及的高风险物质及其临界量、实际最大存量（二）

序号	名称	密度/(t/m^3)	体积/m^3	储存系数	实际最大存量/t	临界量/t	校正系数β
1	树脂油	0.9	70.6	0.8	50.8	5000	1
2	1#热聚轻闪油、轻烃溶剂油、重闪油	0.85	30.5	0.8	20.7	5000	1

则风险点危险指数：

$h_1=1.3\times1\times3\times1.01\times1.45=5.71$

$h_2=1.3\times1\times5\times1.01\times1.45=9.52$

$h_3=1.3\times1\times1\times1.01\times1.45=1.9$

单元固有危险指数：

$H=5.71\times(3\div9)+9.52\times(5\div9)+1.9\times(1\div9)=7.4$

$G=1.16, R_0=8.61$。

现实风险为动态数据，暂先以3次一级报警、2次二级报警、1次三级报警，无事故隐患的情况下计算，$H_D=18.51$，$R_{0d}=21.52$，$K_4=1.3$，$R_N=27.98$。

依据单元安全风险分级标准，碳九1#热聚树脂工艺单元现实高危安全风险等级为Ⅲ级，黄色预警。

四、碳九2#热聚树脂工艺单元重大风险评估

依据聚合工艺单元“五高”风险指标的辨识与评估，将火灾事故、爆炸事故、中毒事故等3个风险点作为“五高”固有风险辨识与评估的重点。下面以

碳九 2＃热聚树脂工艺为测算对象，从“五高”角度对各风险点进行评估。

按以上聚合工艺单元重大风险评估的计算过程，对碳九 2＃热聚树脂工艺单元重大风险进行测算评估，各风险点五高固有风险指标取值如下：

火灾事故：$h_s=1.3$，$M=1$，$E=3$，$K_1=1.01$，$K_2=1.45$；

爆炸事故：$h_s=1.3$，$M=1$，$E=5$，$K_1=1.01$，$K_2=1.45$；

中毒事故：$h_s=1.3$，$M=1$，$E=1$，$K_1=1.01$，$K_2=1.45$。

需说明的是，物质危险指数为由表 5-23 本单元涉及的高风险物质计算出 $m<1$ 确定的 $M=1$。

表 5-23 涉及的高风险物质及其临界量、实际最大存量（三）

序号	名称	密度/(t/m³)	体积/m³	储存系数	实际最大存量/t	临界量/t	校正系数 β
1	碳九分离重组分	1.1	50.8	0.8	44.7	5000	1
2	轻组分	0.95	3.18	0.8	2.4	5000	1

则风险点危险指数：

$h_1=1.3\times1\times3\times1.01\times1.45=5.71$

$h_2=1.3\times1\times5\times1.01\times1.45=9.52$

$h_3=1.3\times1\times1\times1.01\times1.45=1.9$

单元固有危险指数：

$H=5.71\times(3\div9)+9.52\times(5\div9)+1.9\times(1\div9)=7.4$

$G=1.16, R_0=8.61$。

现实风险为动态数据，暂先以 3 次一级报警、2 次二级报警、1 次三级报警、无事故隐患的情况下计算，$H_D=18.51$，$R_{0d}=21.52$，$R_N=27.98$。

依据单元安全风险分级标准，碳九 2＃热聚树脂工艺单元现实高危安全风险等级为Ⅲ级，黄色预警。

五、碳九冷聚树脂工艺单元重大风险评估

依据聚合工艺单元“五高”风险指标的辨识与评估，将火灾事故、爆炸事故、中毒事故等 3 个风险点作为“五高”固有风险辨识与评估的重点。下面以碳九冷聚树脂工艺为测算对象，从“五高”角度对各风险点进行评估。

按以上聚合工艺单元重大风险评估的计算过程，对碳九冷聚树脂工艺单元

重大风险进行测算评估，各风险点五高固有风险指标取值如下：

火灾事故：$h_s=1.3$，$M=1$，$E=3$，$K_1=1.01$，$K_2=1.45$；

爆炸事故：$h_s=1.3$，$M=1$，$E=5$，$K_1=1.01$，$K_2=1.45$；

中毒事故：$h_s=1.3$，$M=1$，$E=1$，$K_1=1.01$，$K_2=1.45$。

需说明的是，物质危险指数为由表5-24本单元涉及的高风险物质计算出$m<1$确定的$M=1$。

表 5-24 涉及的高风险物质及其临界量、实际最大存量（四）

序号	名称	密度/(t/m³)	体积/m³	储存系数	实际最大存量/t	临界量/t	校正系数β
1	茚类树脂油、苯乙烯类树脂油	0.98	26.61	0.8	20.9	5000	1
2	聚合液	0.9	178.26	0.8	128.3	5000	1
3	一闪油、二闪后冷油	0.91	3.77	0.8	2.7	5000	1

则风险点危险指数：

$h_1=1.3\times1\times3\times1.01\times1.45=5.71$

$h_2=1.3\times1\times5\times1.01\times1.45=9.52$

$h_3=1.3\times1\times1\times1.01\times1.45=1.9$

单元固有危险指数：

$H=5.71\times(3\div9)+9.52\times(5\div9)+1.9\times(1\div9)=7.4$

$G=1.16, R_0=8.61$。

现实风险为动态数据，暂先以3次一级报警、2次二级报警、1次三级报警，无事故隐患的情况下计算，$H_D=18.51$，$R_{0d}=21.52$，$R_N=27.98$。

依据单元安全风险分级标准，碳九冷聚树脂工艺单元现实高危安全风险等级为Ⅲ级，黄色预警。

六、碳九加氢工艺单元重大风险评估

依据加氢工艺单元“五高”风险指标的辨识与评估，将火灾事故、爆炸事故等2个风险点作为“五高”固有风险辨识与评估的重点。下面以碳九加氢工艺为测算对象，从“五高”角度对各风险点进行评估。

按以上加氢工艺单元重大风险评估的计算过程，对碳九加氢工艺单元重大风险进行测算评估，各风险点五高固有风险指标取值如下：

火灾事故：$h_s=1.3$，$M=1$，$E=3$，$K_1=1.01$，$K_2=1.45$；

爆炸事故：$h_s=1.3$，$M=1$，$E=5$，$K_1=1.01$，$K_2=1.45$。

需说明的是，物质危险指数为由表 5-25 本单元涉及的高风险物质计算出 $m<1$ 确定的 $M=1$。

表 5-25 涉及的高风险物质及其临界量、实际最大存量（五）

序号	名称	密度/(t/m³)	体积/m³	储存系数	实际最大存量/t	临界量/t	校正系数 β
1	碳九原料油	0.94	121.2	0.8	91.1	5000	1
2	阻聚剂	0.88	1.7	0.8	1.2	5000	1
3	氢气	0.07（相对空气）	22.3(4MPa)+2×2(2MPa)+25.5(3.7MPa)	1.0	0.17	5	1
4	加氢油	0.93	225.1	0.8	167.5	5000	1
5	天然气	0.55（相对空气）	2.71(1MPa)	1.0	0.019	50	1.5
6	DMDS（二甲基二硫，硫化阶段使用）	1.06	1.7	0.8	1.44	5000	1.5

则风险点危险指数：

$h_1=1.3\times1\times3\times1.01\times1.45=5.71$

$h_2=1.3\times1\times5\times1.01\times1.45=9.52$

单元固有危险指数：

$H=28.56\times(3\div8)+47.6\times(5\div8)=8.09$

$G=1.16, R_0=9.41$。

现实风险为动态数据，暂先以 3 次一级报警、2 次二级报警、1 次三级报警，无事故隐患的情况下进行测算，$H_D=20.63$，$R_{0d}=23.98$，$R_N=31.18$。

依据单元安全风险分级标准，碳九加氢工艺单元现实高危安全风险等级为Ⅲ级，黄色预警。

七、压力罐区单元重大风险评估

依据储罐单元“五高”风险指标的辨识与评估，将火灾事故、爆炸事故、中毒事故等 3 个风险点作为“五高”固有风险辨识与评估的重点。下面以压力罐区为测算对象，从“五高”角度对各风险点进行评估。

按以上聚合工艺单元重大风险评估的计算过程，对压力罐区单元重大风险进行测算评估，各风险点五高固有风险指标取值如下：

火灾事故：$h_s=1.3$，$M=9$，$E=3$，$K_1=1.01$，$K_2=1.4$；

爆炸事故：$h_s=1.3$，$M=9$，$E=5$，$K_1=1.01$，$K_2=1.4$；

中毒事故：$h_s=1.3$，$M=9$，$E=1$，$K_1=1.01$，$K_2=1.4$。

需说明的是，物质危险指数为由表5-26本单元涉及的高风险物质计算出 $m=360$ 确定的 $M=9$。

表 5-26 涉及的高风险物质及其临界量、实际最大存量（六）

序号	名称	密度/(t/m³)	体积/m³	储存系数	实际最大存量/t	临界量/t	校正系数β
1	间戊二烯	0.70	2000	0.9	1260	10	1
2	抽余碳五	0.64	2000	0.9	1152	10	1
3	未聚碳五	0.66	2000	0.9	1188	10	1
4	碳五馏分	0.80	300	0.9	216	1000	1

则风险点危险指数：

$h_1=1.3\times9\times3\times1.01\times1.4=49.63$

$h_2=1.3\times9\times5\times1.01\times1.4=82.72$

$h_3=1.3\times9\times1\times1.01\times1.4=16.54$

单元固有危险指数：

$H=28.56\times(3\div9)+47.6\times(5\div9)+9.52\times(1\div9)=64.34$

$G=1.16, R_0=74.81$。

现实风险为动态数据，暂先以3次一级报警、2次二级报警、1次三级报警，无事故隐患的情况下计算，$H_D=160.84$，$R_{0d}=187.03$，$R_N=243.13$。

依据单元安全风险分级标准，压力罐区单元现实高危安全风险等级为Ⅰ级，红色预警。

八、常压罐区（一）单元重大风险评估

依据储罐单元“五高”风险指标的辨识与评估，将火灾事故、爆炸事故等2个风险点作为“五高”固有风险辨识与评估的重点。下面以常压罐区（一）为测算对象，从“五高”角度对各风险点进行评估。

按以上聚合工艺单元重大风险评估的计算过程，对常压罐区（一）单元重

大风险进行测算评估，各风险点五高固有风险指标取值如下：

火灾事故：$h_s=1.3$，$M=3$，$E=1$，$K_1=1.01$，$K_2=1.4$；

爆炸事故：$h_s=1.3$，$M=3$，$E=3$，$K_1=1.01$，$K_2=1.4$。

需说明的是，物质危险指数为由表5-27本单元涉及的高风险物质计算出$m=2.9$确定的$M=3$。

表5-27 涉及的高风险物质及其临界量、实际最大存量（七）

序号	名称	密度/(t/m³)	体积/m³	储存系数	实际最大存量/t	临界量/t	校正系数β
1	碳九原料	0.94	4000	0.9	3384	5000	1
2	炭黑	1.07	4000	0.9	3852	5000	1
3	炭黑基础料	1.07	4000	0.9	3852	5000	1
4	粗双环戊二烯	0.98	2000	0.8	1568	5000	1
5	碳九重馏分	1.02	2000	0.9	1836	5000	1

则风险点危险指数：

$h_1=1.3\times3\times1\times1.01\times1.4=5.51$

$h_2=1.3\times3\times3\times1.01\times1.4=16.54$

单元固有危险指数：

$H=5.51\times(1\div4)+16.54\times(3\div4)=13.79$

$G=1.16$，$R_0=16.03$。

现实风险为动态数据，暂先以3次一级报警、2次二级报警、1次三级报警，无事故隐患的情况下计算，$H_D=34.47$，$R_{0d}=40.08$，$K_4=1.3$，$R_N=52.10$。

依据单元安全风险分级标准，常压罐区（一）单元现实高危安全风险等级为Ⅲ级，黄色预警。

九、常压罐区（二）单元重大风险评估

依据储罐单元“五高”风险指标的辨识与评估，将火灾事故、爆炸事故等2个风险点作为“五高”固有风险辨识与评估的重点。下面以常压罐区（二）为测算对象，从“五高”角度对各风险点进行评估。

按以上聚合工艺单元重大风险评估的计算过程，对常压罐区（二）单元重大风险进行测算评估，各风险点五高固有风险指标取值如下：

火灾事故：$h_s=1.3$，$M=1$，$E=1$，$K_1=1.01$，$K_2=1.4$；

爆炸事故：$h_s=1.3$，$M=1$，$E=3$，$K_1=1.01$，$K_2=1.4$。

需说明的是，物质危险指数为由表 5-28 本单元涉及的高风险物质计算出 $m<1$ 确定的 $M=1$。

表 5-28 涉及的高风险物质及其临界量、实际最大存量（八）

序号	名称	密度/(t/m^3)	体积/m^3	储存系数	实际最大存量/t	临界量/t	校正系数 β
1	2#热聚闪蒸油	0.93	600	0.8	446	5000	1
2	碳九冷聚二闪油	0.93	200	0.8	149	5000	1
3	1#热聚重闪油	0.93	200	0.8	149	5000	1
4	备用罐(碳十重馏分)	0.98	400	0.8	314	5000	1
5	1#热聚轻闪油	0.89	200	0.8	142	5000	1
6	碳九馏分	0.91	100	0.8	73	5000	1
7	碳九冷聚一闪油	0.91	200	0.8	73	5000	1
8	碳九轻组分	0.93	500	0.8	372	5000	1
9	茚类树脂油	0.96	600	0.8	461	5000	1
10	苯乙烯富集液	1.03	400	0.8	330	5000	1
11	甲基茚	0.93	200	0.8	149	5000	1
12	双环富集液	0.93	200	0.8	149	5000	1

则风险点危险指数：

$h_1=1.3\times1\times1\times1.01\times1.4=1.84$

$h_2=1.3\times1\times3\times1.01\times1.4=5.51$

单元固有危险指数：

$H=1.84\times(1\div4)+5.51\times(3\div4)=4.6$

$G=1.16, R_0=5.34$。

现实风险为动态数据，暂先以 3 次一级报警、2 次二级报警、1 次三级报警，无事故隐患的情况下计算，$H_D=11.49$，$R_{0d}=13.36$，$K_4=1.3$，$R_N=17.37$。

依据单元安全风险分级标准，常压罐区（二）单元现实高危安全风险等级为Ⅳ级，蓝色预警。

十、常压罐区（三）单元重大风险评估

依据储罐单元“五高”风险指标的辨识与评估，将火灾事故、爆炸事故、中毒事故等 3 个风险点作为“五高”固有风险辨识与评估的重点。下面以常压罐区（三）为测算对象，从“五高”角度对各风险点进行评估。

按以上聚合工艺单元重大风险评估的计算过程，对常压罐区（三）单元重大风险进行测算评估，各风险点五高固有风险指标取值如下：

火灾事故：$h_s=1.3$，$M=3$，$E=1$，$K_1=1.01$，$K_2=1.4$；

爆炸事故：$h_s=1.3$，$M=3$，$E=3$，$K_1=1.01$，$K_2=1.4$；

中毒事故：$h_s=1.3$，$M=3$，$E=1$，$K_1=1.01$，$K_2=1.4$。

需说明的是，物质危险指数为由表 5-29 本单元涉及的高风险物质计算出 $m=1.1$ 确定的 $M=3$。

表 5-29 涉及的高风险物质及其临界量、实际最大存量（九）

序号	名称	密度/(t/m³)	体积/m³	储存系数	实际最大存量/t	临界量/t	校正系数 β
1	石油萘	1	1000	0.9	900	5000	1
2	碳九液体树脂	1.0	100	0.8	80	5000	1
3	精甲双	0.94	200	0.8	150	5000	1
4	精双环戊二烯	0.96	1000	0.8	768	5000	1
5	混二甲苯(加氢碳九)	0.86	700	0.9	542	5000	1
6	混三甲苯(加氢碳九)	0.92	700	0.9	580	5000	1
7	混三甲苯(加氢碳九)	0.89	700	0.9	561	5000	1
8	混四甲苯(精碳九)	0.92	1400	0.9	1159	5000	1
9	加氢碳九	0.90	1400	0.8	1008	5000	1

则风险点危险指数：

$h_1=1.3\times3\times1\times1.01\times1.4=5.51$

$h_2=1.3\times3\times3\times1.01\times1.4=16.54$

$h_3=1.3\times3\times1\times1.01\times1.4=5.51$

单元固有危险指数：

$H=5.51\times(1\div5)+16.54\times(3\div5)+5.51\times(1\div5)=12.13$

$G=1.16, R_0=14.11$。

现实风险为动态数据，暂先以 3 次一级报警、2 次二级报警、1 次三级报警，无事故隐患的情况下计算，$H_D=30.33$，$R_{0d}=35.27$，$K_4=1.3$，$R_N=45.85$。

依据单元安全风险分级标准，常压罐区（三）单元现实高危安全风险等级为Ⅲ级，黄色预警。

十一、辅助化学品罐区单元重大风险评估

依据储罐单元“五高”风险指标的辨识与评估，将火灾事故、爆炸事故、

中毒事故等3个风险点作为“五高”固有风险辨识与评估的重点。下面以辅助化学品罐区为测算对象，从“五高”角度对各风险点进行评估。

按以上聚合工艺单元重大风险评估的计算过程，对辅助化学品罐区单元重大风险进行测算评估，各风险点五高固有风险指标取值如下：

火灾事故：$h_s=1.3$，$M=1$，$E=1$，$K_1=1.01$，$K_2=1.4$；

爆炸事故：$h_s=1.3$，$M=1$，$E=3$，$K_1=1.01$，$K_2=1.4$；

中毒事故：$h_s=1.3$，$M=1$，$E=1$，$K_1=1.01$，$K_2=1.4$。

需说明的是，物质危险指数为由表5-30本单元涉及的高风险物质计算出$m<1$确定的$M=1$。

表5-30 涉及的高风险物质及其临界量、实际最大存量（十）

序号	名称	密度/(t/m^3)	体积/m^3	储存系数	实际最大存量/t	临界量/t	校正系数β
1	废二甲苯	0.84	200	0.8	134	5000	1
2	二甲苯	0.88	200	0.8	141	5000	1
3	碳九重馏分（松节油）	1.1	200	0.8	176	5000	1

则风险点危险指数：

$h_1=1.3\times1\times1\times1.01\times1.4=1.84$

$h_2=1.3\times1\times3\times1.01\times1.4=5.51$

$h_3=1.3\times1\times1\times1.01\times1.4=1.84$

单元固有危险指数：

$H=1.84\times(1\div5)+5.51\times(3\div5)+1.84\times(1\div5)=4.04$

$G=1.16, R_0=4.7$。

现实风险为动态数据，暂先以3次一级报警、2次二级报警、1次三级报警，无事故隐患的情况下计算，$H_D=10.11$，$R_{0d}=11.76$，$K_4=1.3$，$R_N=15.28$。

依据单元安全风险分级标准，辅助化学品罐区单元现实高危安全风险等级为Ⅳ级，蓝色预警。

十二、企业风险聚合

1. 单元风险评估汇总

××公司各单元风险评估汇总，见表5-31。

表 5-31　××公司单元风险评估汇总表

序号	单元名称	风险点	风险点固有危险指数（h）	单元固有危险指数（H）	安全生产标准化评审/自评分值（v）	单元初始高危风险管控频率（G）	单元初始高危安全风险（R_0）	风险动态调控									单元“五高”现实风险（R_N）	风险等级及预警信号
								高危风险动态监测特征指标预警信号系数（K_3）	风险点固有危险指数动态监测指标修正值（h_d）	单元固有危险指数动态修正值（H_D）	单元初始高危安全风险修正值（R_{0d}）	隐患指标（K_4）		特殊时期指标修正	高危风险物联网指标修正	自然灾害指标修正		
												一般隐患	重大隐患					
1	碳五树脂工艺	火灾事故风险点	28.56	37.02	86	1.16	43.05	2.50	71.39	92.55	107.61	1.30					139.90	Ⅱ级 橙色
		爆炸事故风险点	47.60					2.50	118.99									
		中毒事故风险点	9.52					2.50	23.80									
2	碳五碳九共聚树脂工艺	火灾事故风险点	5.71	7.40	86	1.16	8.61	2.50	14.28	18.51	21.52	1.30					27.98	Ⅲ级 黄色
		爆炸事故风险点	9.52					2.50	23.80									
		中毒事故风险点	1.90					2.50	4.76									

续表

序号	单元名称	风险点	风险点固有危险指数(h)	单元固有危险指数(H)	安全生产标准化评审/自评分值(v)	单元初始高危风险管控频率(G)	单元初始高危安全风险(R_0)	风险动态调控									单元“五高”现实风险(R_N)	风险等级及预警信号
								高危风险动态监测特征指标预警信号系数(K_3)	风险点固有危险指数动态监测指标修正值(h_d)	单元固有危险指数动态修正值(H_D)	单元初始高危安全风险修正值(R_{0d})	隐患指标(K_4) 一般隐患	隐患指标(K_4) 重大隐患	特殊时期指标修正	高危风险物联网指标修正	自然灾害指标修正		
3	碳九1#热聚树脂工艺	火灾事故风险点	5.71	7.40	86	1.16	8.61	2.50	14.28	18.51	21.52	1.30					27.98	Ⅲ级 黄色
		爆炸事故风险点	9.52					2.50	23.80									
		中毒事故风险点	1.90					2.50	4.76									
4	碳九2#热聚树脂工艺	火灾事故风险点	5.71	7.40	86	1.16	8.61	2.50	14.28	18.51	21.52	1.30					27.98	Ⅲ级 黄色
		爆炸事故风险点	9.52					2.50	23.80									
		中毒事故风险点	1.90					2.50	4.76									

续表

序号	单元名称	风险点	风险点固有危险指数(h)	单元固有危险指数(H)	安全生产标准化评审/自评分值(v)	单元初始高危风险管控频率(G)	单元初始高危安全风险(R_0)	风险动态调控									单元“五高”现实风险(R_N)	风险等级及预警信号
								高危风险动态监测特征指标预警信号系数(K_3)	风险点固有危险指数动态监测指标修正值(h_d)	单元固有危险指数动态修正值(H_D)	单元初始高危安全风险修正值(R_{0d})	隐患指标(K_4)		特殊时期指标修正	高危风险物联网指标修正	自然灾害指标修正		
												一般隐患	重大隐患					
5	碳九冷聚树脂工艺	火灾事故风险点	5.71	7.40	86	1.16	8.61	2.50	14.28	18.51	21.52	1.30					27.98	Ⅲ级 黄色
		爆炸事故风险点	9.52					2.50	23.80									
		中毒事故风险点	1.90					2.50	4.76									
6	碳九加氢工艺	火灾事故风险点	5.71	8.09	86	1.16	9.41	2.50	14.28	20.63	23.98	1.30					31.18	Ⅲ级 黄色
		爆炸事故风险点	9.52					2.50	23.80									

续表

序号	单元名称	风险点	风险点固有危险指数(h)	单元固有危险指数(H)	安全生产标准化评审/自评分值(v)	单元初始高危风险管控频率(G)	单元初始高危安全风险(R_0)	风险动态调控									单元“五高”现实风险(R_N)	风险等级及预警信号
								高危风险动态监测特征指标预警信号系数(K_3)	风险点固有危险指数动态监测指标修正值(h_d)	单元固有危险指数动态修正值(H_D)	单元初始高危安全风险修正值(R_{0d})	隐患指标(K_4)		特殊时期指标修正	高危风险物联网指标修正	自然灾害指标修正		
												一般隐患	重大隐患					
7	压力罐区	火灾事故风险点	49.63	64.34	86	1.16	74.81	2.50	124.08	160.84	187.03	1.30					243.13	*I* 级 红色
		爆炸事故风险点	82.72					2.50	206.80									
		中毒事故风险点	16.54					2.50	41.36									
8	常压罐区(一)	火灾事故风险点	5.51	13.79	86	1.16	16.03	2.50	13.79	34.47	40.08	1.30					52.10	Ⅲ级 黄色
		爆炸事故风险点	16.54					2.50	41.36									
9	常压罐区(二)	火灾事故风险点	1.84	4.60	86	1.16	5.34	2.50	4.60	11.49	13.36	1.30					17.37	Ⅳ级 蓝色
		爆炸事故风险点	5.51					2.50	13.79									

续表

序号	单元名称	风险点	风险点固有危险指数(h)	单元固有危险指数(H)	安全生产标准化评审/自评分值(v)	单元初始高危风险管控频率(G)	单元初始高危安全风险(R_0)	风险动态调控									单元“五高”现实风险(R_N)	风险等级及预警信号
								高危风险动态监测特征指标预警信号系数(K_3)	风险点固有危险指数动态监测指标修正值(h_d)	单元固有危险指数动态修正值(H_D)	单元初始高危安全风险修正值(R_{0d})	隐患指标(K_4)		特殊时期指标修正	高危风险物联网指标修正	自然灾害指标修正		
												一般隐患	重大隐患					
10	常压罐区(三)	火灾事故风险点	5.51	12.13	86	1.16	14.11	2.50	13.79	30.33	35.27	1.30					45.85	Ⅲ级黄色
		爆炸事故风险点	16.54					2.50	41.36									
		中毒事故风险点	5.51					2.50	13.79									
11	辅助化学品罐区	火灾事故风险点	1.84	4.04	86	1.16	4.70	2.50	4.60	10.11	11.76	1.30					15.28	Ⅳ级蓝色
		爆炸事故风险点	5.51					2.50	13.79									
		中毒事故风险点	1.84					2.50	4.60									

2. 企业风险聚合

企业整体风险（R）由企业内单元现实风险最大值 Max（R_{Ni}）确定，企业整体风险等级按照表 5-20 的标准进行风险等级划分。

$$R = \mathrm{Max}(R_{Ni}) \tag{5-13}$$

由表 5-31 可见，××公司压力罐区单元现实高危安全风险值最大，等级为Ⅰ级，红色预警。所以××公司整体风险等级为Ⅰ级，红色预警。

参考文献

[1] 徐克，陈先锋．基于重特大事故预防的"五高"风险管控体系[J]. 武汉理工大学学报（信息与管理工程版），2017，39（6）：649-653.

[2] 张翼鹏．安全控制论的理论基础与应用（四）[J]. 工业安全与防尘，1998（4）：1-5.

第六章 风险分级管控

第一节　风险管控模式

以危险化学品企业安全风险辨识清单和“五高”风险辨识评估模型为基础，全面辨识和评估企业安全风险，建立危险化学品企业安全风险“PDCA”闭环管控模式，构建源头辨识、分类管控、过程控制、持续改进、全员参与的安全风险管控体系，如图 6-1 所示。

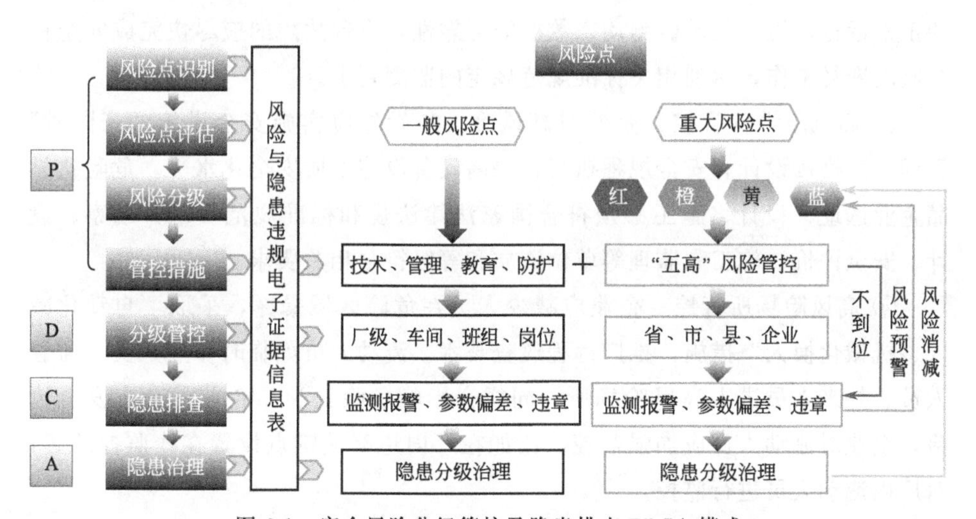

图 6-1　安全风险分级管控及隐患排查 PDCA 模式

（1）以风险预控为核心，以隐患排查为基础，以违章违规电子证据监管为手段，建立危险化学品企业“PDCA”闭环管理运行模式，依靠科学的考核评价机制推动其有效运行，策划风险防控措施，实施跟踪反馈，持续更新风险动态和防控流程。企业参照危险化学品企业通用安全风险辨识清单，辨识出危险部位及关键岗位活动所涉及的潜在风险模式，做到危险场所全员（包括作业人员、下游危及范围人员）知晓风险，采取与风险模式相对应的精准管控措施和隐患排查；监管部门实时获取企业“五高”现实风险动态变化，并参考违章、隐患判定方法以及远程监控手段，以现有技术进行电子违章证据获取和隐患感知，有针对性地开展监管和执法，推动企业对风险管控的持续改进。前者需要在监管部门引导下由企业落实主体责任，后者需要在企业落实主体责任的基础上督导、监管和执法，有效解决危险化学品企业风险“认不清、想不到、管不到”等问题。

（2）实施风险分类管控，特别是危险化学品企业重大风险，重点关注“五高”风险因子，即高风险物品、高风险工艺、高风险设备、高风险场所和高风险作业，加强动态风险管控，实现可防可控。针对“五高”固有风险指标管控，企业从以下方面管控五个风险因子：

① 高风险物品管控　对可能导致重特大事故的物品（能量），按相关安全标准和设计要求做好日常监测、检测与维护等管理。

② 高风险工艺管控　保障危险化学品企业安全在线监测系统数据与传输的正常运行，提高关键监测动态数据的可靠性，出现故障的应尽快完成安全在线监测恢复工作，达到相关标准规范规定的监测要求。

③ 高风险设备管控　企业对高风险设备设施应实施安全设施“三同时”管理，严格按设计和安全规程执行，提高设备设施本质安全化水平。危险化学品企业选址、设计、施工必须符合国家法律法规和标准规范要求，勘察、设计、安全评价、施工和监理等单位资质和等级符合相关要求。

④ 高风险场所管控　企业应减少人员在危险区域暴露，采取“自动化减人、机械化换人”措施，推广远程巡查技术。流动人员如临时作业人员、监管人员、外来人员进入高风险场所，同样会影响危险化学品企业的动态安全风险，企业对流动人员应加强监控。比如在厂内道路关键点设置在线监控装置，对厂内流动人员进行监控。

⑤ 高风险作业管控　从业人员应当接受安全生产教育和培训，掌握本职工作所需的安全生产知识，正确认知岗位安全风险和相关管控措施，增强事故预防和应急处理能力，落实持证上岗工作，并做好上岗前的教育记录。

（3）提高企业安全标准化管理水平，基于安全生产标准化八要素加强对危险化学品企业的风险管控。建立隐患和违章智能识别系统，加强隐患排查和上报，特别是对重大事故隐患，应安排专人实时对企业安全生产标准化考核分数进行管理水平实际状态的扣减，使其及时反映企业的实际风险管控水平。

（4）强化风险动态管控，依据危险化学品企业动态预警信息、基础动态管理信息、地质灾害、特殊时期等有关资料及时做出应对措施，降低动态风险。提高风险动态指标数据的实时性和有效性，避免数据失真。建立危险化学品企业基础信息定期更新制度，危险化学品企业运行技术参数发生变化，企业应及时报送更新。构建大数据支撑平台，加强气象、地质灾害的信息联动；及时关注近一个月国内外危险化学品企业发生的安全事故信息，加强对类似风险模式的管控。

鉴于此，提出了从通用风险辨识管控、重大风险管控、单元高危风险管控和动态风险管控四个方面实现危险化学品企业风险分类管控，见图 6-2。

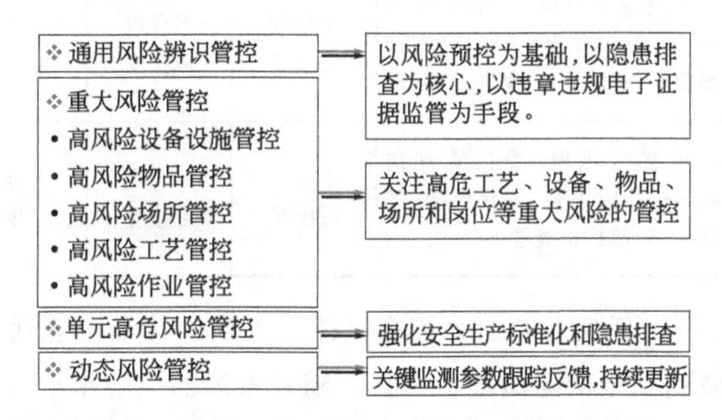

图 6-2　基于风险评估技术的安全风险分类管控

第二节　政府监管

一、监管分级

根据风险分级模型计算得到的风险值，基于 ALARP 原则，对监管对象的风险进行风险分级，分别为重大风险、较大风险、一般风险和低风险四级[1-4]。结合科学、合理的“匹配监管原理”，即应以相应级别的风险对象实行相应级别的监管措施，如对重大风险级别风险的监管对象实施高级别的监管措施，如此分级类推。匹配监管原理见表 6-1。

表 6-1 风险分级与风险水平相应的匹配监管原理

监管等级 风险等级	风险状态/ 监管对策和措施	监管级别及状态			
		重大风险	较大风险	一般风险	低风险
Ⅰ级（重大风险）	不可接受风险：高级别监管措施——一级预警，强力监管，全面检查，否决制等	合理 可接受	不合理 不可接受	不合理 不可接受	不合理 不可接受
Ⅱ级（较大风险）	不期望风险：中等监管措施——二级预警，较强监管，高频率检查	不合理 可接受	合理 可接受	不合理 不可接受	不合理 不可接受
Ⅲ级（一般风险）	有限接受风险：一般监管措施——三级预警，中等监管，局部限制，有限检查，警告策略等	不合理 可接受	不合理 可接受	合理 可接受	不合理 不可接受
Ⅳ级（低风险）	可接受风险：委托管理措施——四级预警，弱化监管，关注策略，随机检查等	不合理 可接受	不合理 可接受	不合理 可接受	合理 可接受

ALARP 原则：任何对象、系统都是存在风险的，不可能通过采取预防措施、改善措施做到完全消除风险；而且，随着系统的风险水平的降低，要进一步降低风险的难度变高，投入的成本往往呈指数曲线上升。根据安全经济学的理论，也可这样说，安全改进措施投资的边际效益递减，最终趋于零，甚至为负值。

如果风险等级落在了可接受标准的上限值与不可接受标准的下限值内，即所谓的“风险最低合理可行”区域内，依据“风险处在最合理状态”的原则，处在此范围内的风险可考虑采取适当的改进措施来降低风险。

各级安全监管部门应结合自身监管力量，针对不同风险级别的危险化学品企业制定科学合理的执法检查计划，并在执法检查频次、执法检查重点等方面体现差异化，同时鼓励企业强化自我管理，企业提升安全管理水平，推动企业改善安全生产条件，企业采取有效的风险控制措施，努力降低安全生产风险。危险化学品企业可根据风险分级情况，调整管理决策思路，促进安全生产。

二、精准监管

基于智能监控系统的建设，可进一步完善危险化学品企业风险信息化基础设施，为相关部门防范风险提供信息和技术支持。基于智能监控系统可以实现远程危险化学品企业风险评估证明电子出证发放、远程处理监管、监督生产过程、日常隐患巡查等防控监管，有效提高工作效率，从而降低了人力成本、时间成本，提高了经济效益。根据风险评估分级、监测预警等级，各级应急管理部门分级负责预警监督、警示通报、现场核查、监督执法等工作，针对省、市、区县三级部门提出以下对策：

1. 区县级管理部门

（1）将各级安全管理人员的姓名、部门、职务、联系方式等信息录入危险化学品企业在线安全监测系统平台。危险化学品企业在线安全监测系统应按照管理权限要求将预警信息实时自动反馈给各级安全管理人员。

（2）为了维护危险化学品企业的长期安全、可靠运行，区县级应急管理部门应针对性地加强对危险化学品企业的安全检查、管理。密切关注自然环境、气象条件的变化和周边影响范围内人类活动对危险化学品企业的直接或间接影响，依据不同时期不同环境下的特点，有针对性地及时定期更新安全风险评价模型指标。

（3）此外应对隐患进行定期检查，并依据隐患违规电子取证输入系统，由在线监测监控智能识别出的隐患，要及时监督企业进行处置；企业对隐患整改处理完成后，区县级应急管理部门要对隐患整改情况进行核查，并清除安全风险计算模型中的相关隐患数据；当企业的监测监控系统出现失效问题时，要监督企业修复；对压力、液位、温度等重要运行参数进行实时监测，对异常状态进行实时报警，提升管理者对基础设施的运维管理效率。

（4）区县级以及管理部门应统筹本区内的企业风险。当安全风险出现黄色、橙色、红色预警时，区县级应急管理局在限定时间内响应，指导并监督企业对照风险清单信息表和隐患排查表核查原因，采取相应的管控措施排除隐患。信息反馈采用危险化学品企业在线安全监测系统信息发布、手机短信、邮件、声音报警等方式告知相应部门和人员，黄色和红色预警信息应立即用电话方式告知相应部门和人员，并应送达书面报告，并及时上报上级应急管理部门。

（5）预警事件得到处置且危险化学品企业运行安全正常，危险化学品企业在线安全监测系统应解除预警。

2. 市级监管部门

（1）地方各级人民政府要进一步建立完善安全风险分级监管机制，明确每个危险化学品企业的监管责任主体。实行地方人民政府领导危险化学品企业安全生产包保责任制，地方各级人民政府主要负责人是本地区防范化解危险化学品企业安全风险工作第一责任人，班子有关成员在各自分管范围内对防范化解危险化学品企业安全风险工作负领导责任。

（2）实现管辖区域内企业、人员、车辆、重点项目、危险源、应急事件的全面监控，并结合公安、工商、交通、消防、医疗等多部门实时数据，辅助应急部门综合掌控安全生产态势。

（3）支持与危险源登记备案系统、视频监控系统、企业监测监控系统等深度集成，对重大危险源企业进行实时可视化监控。集成视频监控、环境监控以及其他传感器实时上传的数据，对高风险场所进行实时可视化监测，提升应急部门对重大危险源监测监管力度。对重点防护目标的实时状态进行监测，为突发情况下应急救援提供支持。

（4）基于地理信息系统，对辖区内危险化学品企业的数量、地理空间分布、规模等信息进行可视化监管。整合辖区内各区县应急管理部门现有信息系统的数据资源，覆盖日常监测监管、应急指挥调度等多个业务领域，实现数据融合、数据显示、数据分析、数据监测等多种功能，应用于应急监测指挥、分析研判、展示汇报等场景。并可提供点选、圈选等多种交互查询方式，在地图上查询具体企业名称、联系人、资质证书情况、特种设备情况、安全评价情况、危险源情况等详细信息，实现“一企一档”查询。

（5）支持对辖区内重点危险化学品企业的数量、分布、综合安全态势进行实时监测；并可对具体危险化学品企业单位周边环境、建筑外观和内部详细结构进行三维显示，支持集成视频监控、电子巡更等系统数据，对危险化学品企业实时安全状态进行监测，辅助企业和区县级的应急管理部门精确有力掌控危险化学品企业风险部位。

（6）市级以及管理部门应统筹全市范围内的企业风险。当出现橙色、红色预警时，市级监管部门立即针对相关企业提出相应的指导意见和管控建议，企业必须立即整顿。

3. 省级监管部门

（1）各省级人民政府负责落实健全完善防范化解危险化学品企业安全风险责任体系。

（2）建立突发事件应急预案，并可将预案的相关要素及指挥过程进行可视化部署，支持对救援力量部署、行动路线、处置流程等进行动态展现和推演，以增强指挥作战人员的应急处置能力和响应效率。

（3）支持集成视频会议、远程监控、图像传输等应用系统或功能接口，可实现一键直呼、协同调度多方救援资源，强化应急部门扁平化指挥调度的能力，提升处置突发事件的效率。

（4）支持对应急管理部门既有事故灾害数据，提供多种可视化分析、交互手段进行多维度分析研判，支持与应急管理细分领域的专业分析算法和数据模型相结合，助力挖掘数据规律和价值，提升管理部门应急指挥决策的能力和效率。

（5）兼容现行的各类数据源数据、地理信息数据、业务系统数据、视频监控数据等，支持各类人工智能模型算法接入，实现跨业务系统信息的融合显示，为应急部门决策研判提供全面、客观的数据支持和依据。统筹区域性风险，整体把控相关区域内的风险，组织专家定期进行远程视频隐患会诊；对安全在线监测指标和安全风险出现红色预警的企业进行在线指导等。

（6）支持基于时间、空间、数据等多个维度，依据阈值告警触发规则，并集成各检测系统数据，自动监控各类风险的发展态势，进行可视化自动告警，如当一周内连续两次出现红色预警时，必须责令相关企业限期整改。

（7）支持整合应急、交通、公安、医疗等多部门数据，可实时监测救援队伍、车辆、物资、装备等应急保障资源的部署情况以及应急避难场所的分布情况，为突发情况下指挥人员进行大规模应急资源管理和调配提供支持。智能化筛选查看应急事件发生地周边监控视频、应急资源，方便指挥人员进行判定和分析，为突发事件处置提供决策支持。

（8）支持与主流舆情信息采集系统集成，对来自网络和社会上的舆情信息进行实时监测告警，支持舆情发展态势可视分析、舆情事件可视化溯源分析、传播路径可视分析等，帮助应急部门及时掌握舆情态势，以提升管理者对网络舆情的监测力度和响应效率。并在出现红色报警信息后迅速核实基层监管部门是否对相关隐患风险处置进行监管，根据隐患整改情况执行相应的措施。

三、远程执法

1. 远程视频监控管理系统

对危险化学品企业现场引入远程视频监控管理系统，利用现代科技，优化监控手段，实现实时地、全过程地、不间断地监管，不仅有效杜绝了管理人员的脱岗失位和操作工人的偷工减料，也为处理质量事故纠纷提供一手资料，同时也可以在此基础上建立曝光平台，增强质量监督管理的威慑力。

（1）监督模式　鉴于危险化学品企业管控节点多，该系统根据现场实地需求灵活配置，并有可移动视录装备配合使用，现场条件限制小，与企业管理平台和执法监督部门网络终端相连接，危险化学品企业现场图像清晰，能稳定实时上传并在有效期内保存，便于执法监督人员实时查看和回放，可有效提高监督执法人员工作效率，并实现全过程监管。无线视频监控系统本身的优势决定着其在竞争日益激烈、管理日趋规范的市场中将更多被采用，在政府监管部门和危险化学品企业的日常管理中将起到日益重要的作用。

（2）远程管理　借助网络实现在线管理，通过语音、文字实时通信系统与企业、现场的管理人员在线交流，及时发现问题并整改。通过远程实时监控掌握工程进度，合理安排质监计划，使监管更具实效性与针对性，有助于提高风险管理水平，并实现预防管控。

（3）远程监督　监控系统能够直观体现危险化学品企业风险现场的问题，节约处理时间，使风险问题能够高效率解决。对于一些现场复杂、工艺参数烦琐的危险化学品企业，可邀请相关技术专家通过远程网络指导系统及时解答危险化学品企业现场出现的问题，对风险管控难点或不妥之处进行及时沟通与协调。

2. 基于隐患和违章电子取证的远程管控与执法

实施隐患治理动态化管理。依托智慧安监与事故应急一体化云平台形成统一的隐患捕获、远程执法、治理、验收方法：

（1）建立隐患和违章数据感知平台　依据安全风险与隐患违规电子证据信息表，针对潜在的风险模式，开发一一对应的隐患和违章前端智能识别方式，包括视频、红外摄像、关键指标监测、无人机等技术。监控部位重点关注重大危险源、重点监管的化工工艺等可能诱发重特大事故的关键部位。

（2）企业隐患排查与上报　企业应建立定期的隐患排查和上报制度。由厂长组织、总工程师主持召开月度隐患排查会议，参加人员有分管专业副厂长、副总工程师、专业部室负责人与专业技术人员及车间主要负责人、主管技术员等，负责对危险化学品企业范围内安全生产隐患进行月度隐患排查并制定安全技术措施（或方案）、落实责任部门和责任人，安环部负责编制会议纪要并上报集团公司，企业月度隐患排查纪要应在企业安全信息网发布，各车间要学习企业月度隐患排查纪要精神，相关岗位人员负责各单位学习贯彻情况的日常检查。

企业隐患上报由企业隐患排查治理办公室负责，于每月 25 日前，将本月隐患治理情况及下月隐患排查情况，形成隐患排查会议纪要报集团公司，其他有关企业安全生产隐患按上级规定及时进行上报。

（3）远程执法　隐患和违章数据出现后，监管人员将隐患和违章证据及时推送企业，并对相关违章行为进行处置，督促企业限期整改，同时对企业安全生产标准化分数进行扣减，动态调整企业的风险管控指标。为提高隐患信息传递效率，方便隐患排查治理系统用户能及时掌握隐患排查情况，接收隐患排查工作任务，可借助短信通知功能，使隐患排查治理工作的各个环节都能以手机短信的方式通知到相关人员。

（4）公示　由企业隐患排查治理办公室负责，对每月进行的隐患排查结果在安全信息网进行公示，要具体包含隐患类型、处理形式、负责人、所属部门、整改意见以及整改期限等。各车间在现场悬挂的隐患治理牌板上要公示月度排查出的 C 级以上隐患。

（5）治理　排查出的 B 级及以上隐患，按照企业隐患排查纪要安排由所在专业负责，由各专业分管厂长负责组织力量进行治理。隐患治理由各专业负责制定技术措施并实施，安环部对分管部门治理措施的落实和治理进程的速度进行跟踪监管，若查出结果为 A 级隐患需集团公司进行处理，并报上级部门知情，由其确认接管进行协商治理。

（6）验收　由分管厂长牵头，专业部门、安环部参加验收，专业部门出具验收单、存档，并报隐患排查治理办公室一份，由集团公司对各隐患结果进行协调处理，并最终交由上级部门审查验收。

（7）考核　A 级以下的隐患在治理完成后交由隐患排查治理办公室进行

终审，具体检查其改善成果是否达标，是否会有隐患复现的可能并最终上报总集团，A级的隐患治理完成后要对集团公司提交申请，安排专门的专家组包括上级工作人员共同进行考核。隐患和违章整改治理到位后，监管部门通过远程感知平台或现场勘查进行核实，同时标准化分数恢复到隐患和违章出现前水平。

3. 风险一张图与智能监测系统

(1) 基于风险一张图的风险信息钻取　根据区域内危险化学品企业“5+1+N”安全风险评估动态结果，将危险化学品企业风险点、单元、企业、区域内安全风险和隐患信息整合到统一的地图上，以“一张图”形式摸清危险源本底数据。宏观层面上，“一张图”全域监管是为区域性风险形势分析、风险管控、隐患排查、辅助决策、交换共享和公共服务提供数据支撑所必需的政策法规、体制机制、技术标准和应用服务的总和[5,6]；微观层面上，其基于地理信息框架，采用云技术、网络技术、无线通信等数据交换手段，按照不同的监管、应用和服务要求将各类数据整合到统一的地图上，并与行政区划数据进行叠加，绘制省、市、县以及企业安全风险点和重大事故隐患分布电子图，共同构建统一的综合监管平台。根据顶层区域风险信息的变化，实时钻取底层风险点关键数据的变化，实现风险点-单元-企业-区域的风险信息查询与精准监管。

危险化学品企业安全风险“一张图”由“1个集成平台、2条数据主线、3个核心数据库”构成，详细架构见图6-3。“1个集成平台”，即地理信息系统集成平台，归集、汇总、展示全域所有的企业安全生产信息、安全政务信息、公共服务信息等；“2条数据主线”，即基于地理信息数据的风险分级管控数据流和隐患排查治理数据流；“3个核心数据库”，即安全管理基础数据库、安全监管监察数据库和公共服务数据库。

(2) 智能监测系统

① 数据标准体系建立　按照“业务导向、面向应用、易于扩展、实用性强、便于推行”的思路建立数据标准体系。参考现有标准制定数据标准既可规范数据生产的质量，又可提高数据的规范性和标准性，从而奠定“一张图”建设的基础。

② 有机数据体系建立　数据体系建设应包括全层次、全方位和全流程，从危险化学品企业数据采集与风险源的风险管控、隐患排查治理与安全执法所

图 6-3　“一张图”全域监管体系总体架构

产生的两大数据主线入手，确保建立危险源全方位数据集，具体包括企业基本信息数据、风险源空间与属性信息数据、风险源生产运行安全关键控制参数、危险源周边环境高分辨率等对地观测系统智能化检测数据、监管监察业务数据、安全生产辅助决策数据和交换共享数据等。

③ 核心数据库建立　以“一数一源、一源多用”为主导，建立科学有效的危险化学品企业“一张图”核心数据库，其实质是加强风险源的相关数据管理，规范数据生产、更新和利用工作，提高数据的应用水平，建立覆盖企业全生命周期的一体化数据管理体系。

④ 安全管理基础数据库　安全管理基础数据库是危险化学品企业“一张图”全域监管核心数据库建立的空间定位基础，基础地理信息将危险化学品企业在空间上统一起来。其主要包括企业基本信息子库和时空地理信息子库。企业基本信息子库包含企业基本情况、责任监管信息、标准化、行政许可文件、应急资源、生产安全事故等数据；时空地理信息子库包含基础地形数据、大地测量数据、行政区划数据、高分辨率对地观测数据、三维激光扫描等数据。

⑤ 安全监管监察数据库　安全监管监察数据库主要包括风险管控子库和隐患排查治理子库。风险分级管控子库包括风险源生产运行安全控制关键参数；统计分析时间序列关键参数，进行动态风险评估，为智能化决策提供数据支撑。隐患排查治理子库包括隐患排查、登记、评估、报告、监控、治理、销账等7个环节的记录信息，加强安全生产周期性、关联性等特征分析，做到来源可查、去向可追、责任可究、规律可循。

⑥ 共享与服务数据库　共享与服务数据库主要包括交换共享子库和公共服务子库。交换共享子库包括指标控制、协同办公、联合执法、事故调查、协同应急、诚信等数据；公共服务子库包括信息公开、信息查询、建言献策、警示教育、举报投诉、舆情监测、预警发布、宣传培训、诚信信息等数据。

纵向横向整合资源，实现信息共享。在“一张图”里，囊括主要风险源和防护目标，涵盖主要救援力量和保障力量。一旦发生灾害事故，点开这张图，一分钟内可以查找出事故发生地周边有多少危险源、应急资源和防护目标，可以快速评估救援风险，快速调集救援保障力量投入应急救援中去，让风险防范、救援指挥看得见、听得了、能指挥，为应急救援装上“智慧大脑”，实现科学、高效、协同、优化的智能应急。

根据应急响应等级，以事发地为中心，对周边应急物资、救援力量、重点保护设施及危险源等智能化精确分析研判，结合相应预案科学分类生成应急处置方案，系统化精细响应预警。同时对参与事件处置的相关人员、涉及避险转移相关场所，基于可视化精准指挥调度，实现高效快速处置突发事件。同时，基于“风险一张图”，可分区域分类别，快速评估救援能力，为准确评估区域、灾种救援能力、保障能力奠定了基础；另外，还实现了主要风险、主要救援力量、保障力量的一张图部署和数据的统一管理，解决了资源碎片化管理、风险单一化防范的问题，有效保障了数据的安全性。

第三节　企业风险管控

一、企业分级分类管控

1. 风险辨识分级

根据确定的风险辨识与防控清单，进行重大风险辨识要充分考虑到高危工艺、设备、物品、场所和作业等的辨识，按照重大风险、较大风险、一般风险、低风险四级分别对公司、厂、车间、班组进行管控，且管控清单同时报上级机构备案。其中，分级管控的风险源发生变化相应机构或单位监控能力无法满足要求时应及时向上一级机构或主管部门报告，并重新评估、确定风险源等级。

2. 分类监管

按照部门业务和职责分工，将本级确定的风险源按行业、专业进行管控，明确监管主体，同时由监管主体部门或单位确定内部负责人，做到主体明确，责任到人。

3. 分级管控

依据风险源辨识结果，分级制定风险管控措施清单和责任清单。清单应包括风险辨识名称、风险部位、风险类别、风险等级、管控措施与依据等内容。

4. 岗位风险管控

结合岗位应急处置卡，完善风险告知内容，主要包括岗位安全操作要点、主要安全风险、可能引发的事故类别、管控措施及应急处置等内容，便于职工随时进行安全风险确认，指导员工安全规范操作。

5. 预警响应

应建立预警监测制度并制定预警监测工作方案。预警监测工作方案包括对关键环节的现场检查和重点部位的场所监测，主要明确预警监测点位布设、监测频次、监测因子、监测方法、预警信息核实方法以及相关工作责任人等内容。

6. 风险管理档案

应按照全生命周期管理要求，重点涵盖企业风险评价文件及相关批复文件、设计文件、竣工验收文件、安全评价文件、风险评估、隐患排查、应急预案、管理制度文件、日常运行台账等。

二、风险智慧监测监控

1. 监控一体化

依照相关标准规范建立全方位立体监控网络，对重大危险源、重点监管的化工工艺等进行监控，实现监控一体化智能监控管理平台。

2. 资源共享化

对跨平台的企业基础数据、气象部门、地质灾害部门及其他风险信息资源实现共享和科学评价，能通过模型和评价体系解决重点。

3. 决策智能化

随时了解实时的企业生产状况，对某个关键岗位或部位、作业的风险进行预测预报，及时处理。

三、风险精准管控

1. 风险点管理分工

单元风险点应进行分级管理。根据危险严重程度或风险等级分为A、B、C、D级或Ⅰ、Ⅱ、Ⅲ、Ⅳ级（A：Ⅰ为最严重，D：Ⅳ为最轻，各单位可按照自己的情况进行分级）。

A级风险点由公司、厂、车间、班组四级对其实施管理，B级风险点由厂、车间、班组三级对其实施管理，C级风险点由车间、班组二级对其实施管理，D级风险点由班组对其实施管理[7]，如图6-4所示。

2. 检查、监督部门

各级责任人及检查部门、监督部门见表6-2。

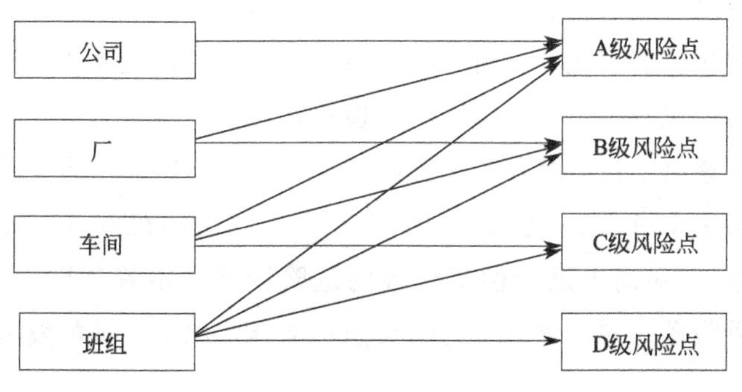

图 6-4 风险点管理分工示意图

表 6-2 各级风险点对应责任人及检查、监督部门

管理机构	责任人	检查部门	监督部门
公司	A 级—经理	相关职能处室	安全
厂	A、B 级—厂长	相关职能处室	安全
车间	A、B、C 级—车间主任	车间	生产
班组	A、B、C、D 级—班长	有关岗位	安全员

3. 风险点日常管理措施

(1) 制定并完善风险控制对策 风险控制对策一般在风险源辨识清单中记载。为了保证风险点辨识所提对策的针对性和可操作性，有必要通过作业班组风险预知活动对其补充、完善。此外，还应以经补充、完善后的风险控制对策为依据对操作规程、作业标准中与之相冲突的内容进行修改或补充完善[8]。

(2) 树“风险控制点警示牌” “风险控制点警示牌”应牢固树立（或悬挂）在风险控制点现场醒目处。“风险控制点警示牌”应标明风险源管理级别、各级有关责任单位及责任人、主要控制措施。为了保证“风险控制点警示牌”的警示效果和美观一致性，最好对警示牌的材质、大小、颜色、字体等做出统一规定。警示牌一般采用钢板制作，底色采用黄色或白色，A、B、C、D 级风险源的风险控制点警示牌分别用不同颜色字体书写。

(3) 制定“风险控制点检查表”（对检修单位为“开工准备检查表”）风险点辨识材料经验收合格后应按计划分步骤地制定“风险控制点检查表”，以便基于该检查表的实施掌握有关动态危险信息，为隐患整改提供依据。

(4) 对有关风险点按“风险控制点检查表”实施检查 检查所获结果使用

隐患上报单逐级上报。各有关责任人或检查部门对不同级别风险源点实施检查的周期按单位相关制度执行。对于检修单位，应于进行检修或维护作业前对作业对象、环境、工具等进行一次彻底的检查，对本单位无力整改的问题同时应用隐患上报单逐级上报。公司安全部门对全公司 A、B 级风险点的抽查应保证覆盖面（每年每个 A 级风险源至少抽查一次）和制约机制（保证一年中有适当的重复抽查）。对尚未进行彻底整改的危险因素，本着“谁主管、谁负责”的原则，由风险源所属的管理部门牵头制定措施，保证不被触发引起事故。

4. 有关责任人职责

企业法定代表人和实际控制人同为企业防范化解安全风险第一责任人，对防范化解安全风险工作全面负责。要配备专业技术人员管理，实行全员安全生产责任制度，强化各职能部门安全生产职责，落实一岗双责，按职责分工对防范化解安全风险工作承担相应责任。

（1）公司经理职责　组织领导开展本系统的风险点分级控制管理，检查风险点管理办法及有关控制措施的落实情况。督促所主管的单位或部门对 A 级风险点进行检查，并对所查出的隐患实施控制。同时，了解全公司 A 级风险点的分布状况及带普遍性的重大缺陷状况。审阅和批示有关单位报送的风险点隐患清单表，并督促或组织对其及时进行整改。对全公司 A 级风险点漏检或失控及由此而引起的重伤及以上事故承担责任。

（2）厂长职责　负责组织本厂开展风险点分级控制管理，督促管理部和相关部门落实风险点管理办法及有关控制措施。对本企业 A 级、B 级风险点进行检查，并了解车间风险点的分布状况和重大缺陷状况。督促车间及检查部门严格对 A、B、C 级风险点进行检查。审阅并批示报送的风险点隐患清单表，督促或组织有关车间或部门及时对有关隐患进行整改。对于本厂确实无力整改的隐患应及时上报公司，并检查落实有效临时措施加以控制。对公司 A 级和 B 级风险点失控或漏检及由此而引起的重伤及以上事故承担责任。

（3）车间主任职责　负责组织本车间开展风险点分级控制管理，落实风险源管理办法与有关措施。对本车间 A、B、C 级风险点进行检查，并了解管理部风险点的分布状况和重大缺陷状况。督促所属班组严格对各级风险点进行检查。及时审阅并批示班组报送的风险点隐患清单表。对所上报的隐患在当天组织整改。车间确实无力整改的隐患，应立即向厂安全部报告，并采取有效临时措施加以控制。对车间 A、B、C 级风险点漏检或失控及由此而引起的轻伤及以上事故承担责任。

(4) 班长职责 负责班组风险点的控制管理，熟悉各风险点控制的内容，督促各岗位（同时本人）每班对各级风险点进行检查。对班组查出的隐患当班进行整改，确实无力整改的应立即上报管理部，同时立即采取措施加以控制。对班组因风险点漏检及隐患整改或信息反馈方面出现的失误及由此而引起的各类事故承担责任。

(5) 岗位操作人员职责 熟悉本岗位作业有关风险点的检查控制内容，当班检查控制情况，杜绝弄虚作假现象。发现隐患应立即上报班长，并协助整改，若不能及时整改，则采取临时措施避免事故发生。对因本人在风险点检查、信息反馈、隐患整改、采取临时措施等方面延误或弄虚作假，造成风险点失控或由此而发生的各类事故承担责任。

5. 其他有关职能部门职责

(1) 安全部门职责 督促本单位开展风险点分级控制管理，制定实施管理办法，负责综合管理。负责组织本单位对相应级别风险点危险因素的系统分析，推行控制技术，不断落实、深化、完善风险点的控制管理。分级负责组织风险点辨识结果的验收与升级、降级及撤点、消号审查。坚持按期深入现场检查本级风险点的控制情况。负责风险控制点的信息管理。负责定期填报风险点隐患清单表。督促检查各级对查出或报来隐患的处理情况，及时向领导提出报告。对风险点失控而引发的相应级别伤亡事故，认真调查分析，按规定查清责任并及时报告领导。负责按规定的内容进行风险点管理状况考核。对因本部门工作失职或延误，造成风险点漏检或失控及由此而引发的相应级别工伤事故承担责任。

(2) 公司其他有关职能处、室职责 参与 A、B 级风险点辨识结果的审查，并在本部门的职权范围内组织实施。负责对本部门分管的风险点定期进行检查。按《安全生产责任制度》的职责，对公司无力整改的风险点缺陷或隐患接到报告后 24 小时内安排处理。对因本部门工作延误，使风险点失控或由此而发生死亡及以上事故承担责任。

6. 考核

因风险点漏检或失控而导致事故，按公司有关工伤事故管理制度有关规定从严处理。风险点隐患未及时整改且未采取有效临时措施的按公司有关安全生产经济责任制考核。各级、各职能部门未按职责进行检查和管理，对本职责范围内有关隐患未按时处理，按公司经济责任制扣奖。不按时报送风险点隐患清单表，按季度考核。通过各种措施改造工艺或提高防护、防范措施水平，消除或减少了风险点的危险因素，经确认后酌情予以奖励。

参考文献

[1] Haynes A B,Weiser T G,Berry W R,et al. A surgical safety checklist to reduce morbidity and mortality in a global population[J]. New England journal of medicine,2009,360(5):491-499.

[2] Baybutt P. The ALARP principle in process safety[J]. Process Safety Progress,2014,33(1):36-40.

[3] Nesticò A,He S,De Mare G,et al. The ALARP principle in the Cost-Benefit analysis for the acceptability of investment risk[J]. Sustainability,2018,10(12):4668.

[4] 李欣欣．构建企业安全风险分级管控和隐患排查治理双重预防体系[J]．化工管理,2021(08):100-101.

[5] 杨宏宇,秦赓．面向风险评估的关键系统识别[J]．大连理工大学学报,2020,60(03):306-316.

[6] Zhang L,Kim M,Khurshid S. Localizing failure-inducing program edits based on spectrum information[C]//2011 27th IEEE International Conference on Software Maintenance (ICSM),IEEE,2011:23-32.

[7] 王先华．企业安全风险的辨识与管控方法探讨[C]//中国职业安全健康协会．中国职业安全健康协会2017年学术年会论文集,北京,2017:24.

[8] 王先华．安全控制论原理在安全生产风险管控方面应用探讨[C]//中国金属学会冶金安全与健康分会.2016中国金属学会冶金安全与健康分会学术年会论文集,武汉:2016:29-35.